# BOOKS SHAPE DESIGN

# 书籍形态设计

新世纪版/设计家丛书
ART&DESIGN SERIES

袁曼玲 编著

国家一级出版社
全国百佳图书出版单位
西南师范大学出版社
XINAN SHIFAN DAXUE CHUBANSHE

# 序

李 巍

Preface

21世纪是一个新的世纪，随着全球一体化及信息化、学习化社会的到来，人类已经清醒地认识到21世纪是“教育的世纪”“学习的世纪”，孩子和成人将成为终身教育、终身学习的主人公。

21世纪是世界范围内教育大发展的世纪，也是教育理念发生急剧转变和变革的时代，教育的发展呈现出许多历史上任何时期都从未有过的新特点。

21世纪的三个显著特点，用三个词表示就是：速度、变化、危机。与之相对的应该就是：学习、改变、创业。

面对新世纪的挑战，联合国教科文组织下的“21世纪教育委员会”在《学习：内在的财富》报告中指出，21世纪是知识经济时代，在知识经济时代人人应该建立终身学习的计划，每个人应该从四方面建立知识结构：

1.学会学习；2.学会做事；3.学会做人；4.学会共处。

21世纪是一个社会经济、科技和文化迅猛发展的新世纪，经济全球化和世界一体化已成为社会发展的进程，其基本特征是科技、资讯、竞争与全球化，是一个科技挂帅、资讯优先的时代。将是人类社会竞争更趋激烈而前景又更令人神往的世纪。

设计是整个人类物质文明和精神文明的结晶，是一个国家科学和文化发展的重要标志，它不仅创造着今天，也规划着明天。

设计作为一种生产力，对推进一个国家或地区的经济发展有着重要的推动作用。正因为如此，设计也越来越受到世界各国的高度重视，成为社会进步与革新的一个重要组成部分，成为投资的重点，设计教育成为许多经济发达国家的基本国策，受到高度的重视。

设计教育是一项面向未来的事业，正面临着世纪转换带来的严峻挑战。

21世纪的艺术设计教育应该有新的培养目标、新的知识结构、新的教育方法、新的教育手段，以培养新型适应未来设计需求的人才。教师不应该是灌输知识、传授技能的教书匠，而应该是培养学生具有自我完善、自我教育能力的灵魂工程师。

知识经济中人力资源、人才素质是关键因素，因为人才是创造、传播、应用知识的源泉和载体，没有人才，没有知识的人是不可能有所作为的，可以说，谁拥有知识的优势，谁将拥有财富和资源。

未来的社会将是一个变化周期更短的、信息流动、人才流动、资源流动为特征的更快的社会，它要求我们培养的人才具有更强的主动性与创造性。具有很好的可持续发展的素质，有创造性的品质和能力，已成对设计教育的挑战和新世纪设计人才培养的根本目标。

正是在这样的时代大背景中，在新的设计教育观念的激励下，《21世纪 · 设计家丛书》在上个世纪90年代中期孕育而生，开始为中国的现代设计教育贡献自己的一份力量，受到了社会各界的重视与认同，成为受人瞩目的著名的设计丛书与设计教材品牌。

历经13个年头的岁月，随着时代的进步与观念的变化，丛书为更好适应设计教育的需求而不断调整修订，并于2005年进行了全面的改版，更名为《新世纪版/设计家丛书》。

《新世纪版/设计家丛书》图书品牌鲜明的特色体现在如下几个方面：

1. 系统性、完整性：丛书整体架构设计合理，从现代设计教学实践出发，有良好的系统性、完整性，选择前后连贯循序渐进的知识板块，构建科学合理的学科知识体系。

2. 前瞻性、引导性：与时代发展同步，适应全球设计观念意识与设计教学模式的新变化。吸纳具有时代前瞻性、引导性的新的观念、新的思维、新的视角、新的技法、新的作品，为读者提供一个思考的线索，展示一个新的思维空间。

3. 应用性、适教性：适应新的教学需求，具有更良好的实用性与操作性，在观念意识、编写体例、内容选取、学习方法等方面强化了适教性。为学生留下必要的思维空间，能有效地引导学生主动地学习。

4. 示范性、启迪性：丛书中的随文附图是书的整体不可分割的一部分，也是时代观念变化的形象载体，选择最新的更具时代特色与设计思潮变化的经典图例来佐证书中的观点，具有良好的示范性与启迪性。

5.可视性、精致性：丛书经过精心设计与精美印制，版式新颖别致极具时代感，有良好的视觉审美效果。尤其是丛书附图作品的印刷更精致细腻，形象清晰，从而使丛书在整体上有良好的视觉效果，并在开本装帧上也有所变化，使丛书面目更具风采。

这次丛书全面修订整合工作，除根据我国高校设计教学的实际需要对丛书的品种进行了整合完善外，重点是每本书内容的调整与更新，增补了具有当今设计文化内涵的新观念、新思维、新理论、新表现、新案例，强化了丛书的“适教性”，使培养的设计人才能更好地面向世界、面向现代化、面向未来，从而使丛书具有更好的前瞻性、引导性、鲜明的针对性和时代性。

丛书约请的撰写人是国内多所高校身处设计教学第一线的具有高级职称的教师，有丰富的教学经验，长期的学术积累，严谨的治学精神。丛书的编审委员会委员都是国内有威望的资深教育家和设计教育家，对丛书的质量把关起到了很好的保证作用。

力求融科学性、理论性、前瞻性、知识性、实用性于一体，是丛书编写的指导思想，观点明确，深入浅出、图文结合，可读性、可操作性强，是理想的设计教材与自学丛书。

本丛书是为我国高等院校设计专业的学生和在职的年青设计师编写的，他们将是新世纪中国艺术设计领域的主力军，是中国设计界的未来与希望。

新版丛书仍然奉献给新世纪的年青的设计师和未来的设计师们！

目录

Contents

# 前言

书籍的出现与发展是人类文明进步的标志，也是社会文明前进的阶梯。它一方面记述了优秀的科学文化知识，另一方面加速了知识文化的传播。我国书籍约有二千七百多年的历史，从简策装、卷轴装、经折装、旋风装、蝴蝶装、包背装、线装演变到今天的胶印平装与精装，其形态的演变丰富而漫长。随着时代的发展，书籍在传播信息的过程中承载了更多的任务。在数字化时代的今天，人们的生活节奏普遍加快，都在寻求一种便捷的生活方式，这种观念也深入到信息传播领域，尤其是随着现代科学技术的发展，电视、电影、网络等传媒工具的诞生和发展对书籍这种传统的纸质媒介形成了强烈的冲击。网络的普及和电子出版物的广泛应用也改变了人们仅仅依靠传统出版物来获取知识的方式，现代的电子传播媒介通过现代科技给人以视觉、听觉、触觉等多种感官为一体的全新感受，这也无疑给传统的书籍形态设计带来了巨大的挑战。

面对数字媒体的强烈冲击，如何应对兼具字、声、像等多种表现形式为一体的多媒体的挑战，是书籍设计领域亟待解决的问题之一。我们应改变以前单一的思维方式，拓宽思路，更新观念，以更广阔的视野来进行书籍的设计。

本教材的编写涉及我国文化发展的历史背景以及先人采用的书籍载体的经验和知识。纵向上，从结绳的无字书开始，经过以岩石壁为载体的图画文，到符号文的彩陶，之后为有文字的龟甲和青铜，一次一次地变革。横向上，从“形”与“态”两个方面结合相关案例分析。本教材力求从书籍形态设计的本质原理入手，强调教材的实践性和可操作性，注重书籍形态设计的新材料、新技术和新工艺的应用，内容具体、深入浅出、图文并茂、案例新颖，有利于教师教学和学生实训，适合作为平面设计、包装设计等专业的教材使用，也可以作为辅助教材使用。作者才疏学浅，如有错误或不妥，恳请读者批评指正。谢谢！

# 绪论

## 一、书籍形态的概念

书籍的形态由两个元素组成：即外在的“造型”和内在的“神态”。书的“造型”指的是书籍的外在表现，即我们通常所见的“六面体”的外形，神态是指书籍设计中所蕴含的设计理念与其体现的文化精神意蕴。前者是书籍物质的承载者，以实用、方便、美观的特点造就了书籍的静态美；后者则是书籍理论观念的精神承载者，以丰富的信息、跌宕的旋律、清晰的层次、新奇的创意和优美的图文构成了书籍的动态美。书籍的形态就是书籍的内在美与外在美的完美结合，是思想美、设计美、工艺美的统一体，兼具使用价值和审美价值。

## 二、书籍形态演变启示

当人类祖先在岩壁上刻画上第一笔时，他肯定想不到那一笔最终演变成了人类最重要的工具之一——文字。很多学者对这一笔的评价很高，认为它为人类的历史做出了巨大的贡献。的确，这一笔让人类开始将思想和语言记录在媒介上，传达给更多的同类。文字的出现结束了只能靠语言传播信息（“口传的活书”）的时代，也取代了早期的记录形态，例如结绳记事（图1）等，为真正书籍的产生奠定了基础。

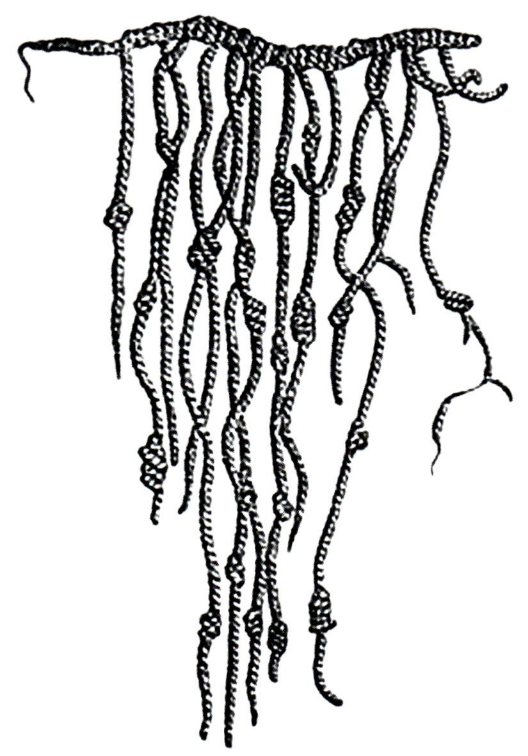

图1

“口传的活书”和“绳书”与我们现在所熟知的书籍在形态上有着天壤之别。它们虽然不是现代意义上的书籍，却体现了书籍的最根本特性——承载信息。从最原始的口耳相传到现如今完整的书籍系统，经过漫长的岁月，人类为了表达思想、传递信息，走过了多么漫长的路。当然也正是在这些为了记录和传递信息不断探索的过程中，人们对传达和记录方式的需求和创造，才让书籍呈现出今天丰富多彩的形态。

古代中国在世界书籍发展史上处于领先的地位。纸和印刷术的发明不仅改变了古代中国人们的信息传递观念，也改变了西方世界的书籍形态。纵观书籍发展的历史，我们不难看到作为信息传播工具的书籍在形态上的一系列变化，每个社会历史时期的经济、政治、文化状况和新技术的发明创造对书籍形态都有着巨大的冲击和影响。

**1.书籍形态的雏形**

书籍产生的前提是文字的产生。文字是书籍产生的基本条件，而文字是附着于载体的，文字与承载材料结合在一起形成的整体，才被称为“书”。远古时期，人类除用语言传播信息外，还用结绳来记载事情，即把绳子打成各式各样大小不同的结，代表不同的事情和含义，用以传播知识、交流思想。结绳可以传到几里外的部落，也可以传给后代。《易经》里说：“上古结绳而治，后世圣人易之以书契。”在我国，距今有五六千年历史的西安半坡遗址出土的陶器上，就有简单的刻画符号。这可能是中国最原始的文字，也是最早的记事方法。

（1）甲骨上的“书”——文字和兽骨的结合（商）（图2）。

（2）钟鼎彝器上的“书”——文字和金属的结合（商）（图3）。

（3）石经上的“书”——文字和石头的结合（最早出现在周宣王时期，公元前700年，如《熹平石经》）（图4）。

图2

图3

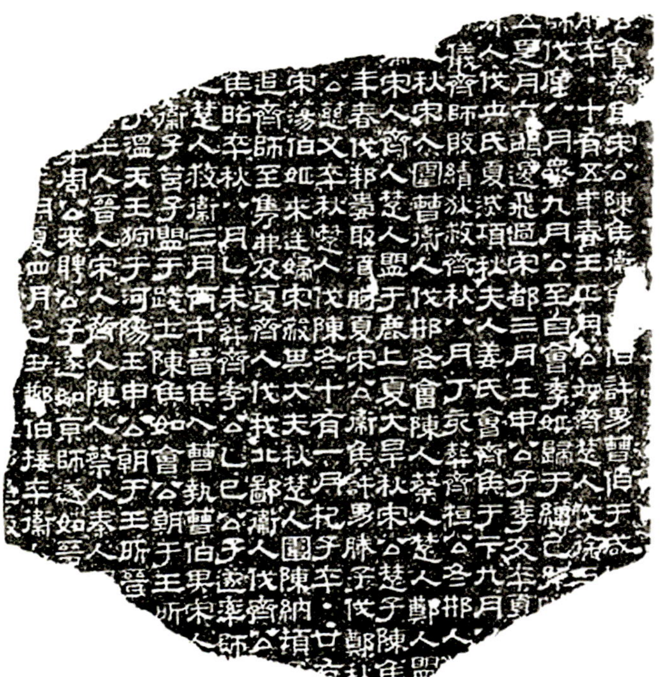

图4

图5

（4）画像石上的“书”——图和石头的结合（汉）。从石上拓印画作的做法是雕版印刷术的前身。如图5所示的是山东嘉祥武氏祠左石室画像石《荆轲刺秦王》（拓片）。

2.书籍形态的发展

随着人类社会的发展，人类文明要求更广泛的知识文化传播，作为信息载体的甲骨片很快不能满足人们的需要了。特别是春秋战国时期，这是一个百家争鸣的时代，各家各派纷纷著书立说，而此时的人类也已经能够更好地理解和掌握大自然，认识更多的材料了。甲骨片不规范的形状以及难以保存的特性，让甲骨片注定被取代。浏览中国书籍的发展历程，我们可以看到，书籍的不断演进，其实就是书籍制度的演进。

中国在数千年的历史进程中，书籍的形态有着很奇妙的演变。文字创造以后，文字传播的空间狭窄，文字附着的材料不宜广泛传播，而真正的书籍雏形是简策（图6）。所谓简策，是指以竹木为主要材料，其上的字用刀刻或用墨书写。简策也称“简牍”，始于周代（约公元前10世纪）而盛于秦汉。据记载，用于书写的单片竹或木片谓之“简”，将简相编连谓之“策”。在简策书籍流行的同时，还有一种以缣帛为材料制成的书，大约在春秋末年就已经出现，也可以看作是早期书籍的形式之一。帛书的装帧形式为卷轴形式，即在简帛上书写，依据文字的长短而定帛之多少，长者可以多帛相粘接。唐以后还将卷轴装的形式运用于书画的装裱之中，其技术日益精湛，但其源头还得追溯到周代的帛书装帧形式。

沉重的竹简、昂贵的缣帛、羊皮纸都不能满足人们越来越广泛的传达思想的要求，随之，一种轻便如缣帛、廉价如竹简的新的材料被发明出来了。据文献记载和考古发现，我国西汉时就已经出现了纸。公元105年，蔡伦在前人利用废丝棉造纸的基础上成功改进了纸张。蔡伦造纸所用的原料价格低廉、来源充裕，所以很快得到广泛的运用。

纸的发明，对我国书籍发展的影响是划时代的；而隋唐时期雕版印刷术的发明不仅加速了知识和信息的传播，也在很大程度上影响了书籍的形式，促使书籍不断变换着自身的形态，或卷或折。古人不拘泥于已有的书籍模式，不断创新，与时俱进。

隋唐时，中华大地进入了一个平稳昌盛的时期，社会政治制度的稳定、经济的繁荣为书籍的进步创造了良好的基础。隋代科举制度也正式确立，科举之风日益盛行，这就让更多的人开始需要书籍。社会对于书籍的需求日渐增长，手抄本书籍慢慢开始不能满足人们的需要。中国印刷技术的发展是从隋唐雕版印刷术，到北宋毕昇发明了活字印刷，后元代王祯发明了木活字转轮排版技术，这样一步步完善起来的。印刷术发明后，中国的书籍和文化传播都进入了一个新的阶段，印刷术替代了繁重的手工抄写方式，缩短了书籍的成书周期，大大提高了书籍的品质和数量。印刷术的发明真正使书籍的大量生产和普及成为可能，是促进书籍发展的重要条件。

此后发展起来的书籍装帧形式归纳起来大致有以下8种：卷轴装（图7）、梵夹装（图8）、旋风装（图9）、经折装（图10）、蝴蝶装（图11）、包背装（图12）、线装（图13）和毛装（图14）。

图6 简策

单片的竹（木）片称简，将多数简用绳按顺序编在一起称简策，卷起后装入称为“帙”的布袋。重要的文章写在二尺四寸长的简片上，一般的文章所用简长仅一尺二寸。简策是中国古代早期书籍形式之一，起源于西周，通行于公元前700年至公元4世纪。

图7 卷轴装

纸写本是最早的书籍装帧形式，也是历史上使用最悠久的书籍形态，从简策形式演变而来。它是将印好的书页，按顺序横向拼接起来，最后粘上竹木制成的轴，书的外口贴以木片，系以丝带，用以捆绑书卷，最后在卷口背面签条上写上书名。卷轴装自南北朝开始流行，唐至五代最为盛行，并沿用至今。

图8 梵夹装

仿印度贝叶经的一种装帧形式。书页为长条形，中有二孔顺序穿线，前后用木板作封。流行于唐、五代。今藏文佛经仍用这种形式。

图9 旋风装

将书页按顺序错开贴于纸卷上，可逐页翻阅如旋风般，因而得名。卷起后外观如卷轴。这是唐代曾使用过的一种装帧形式。

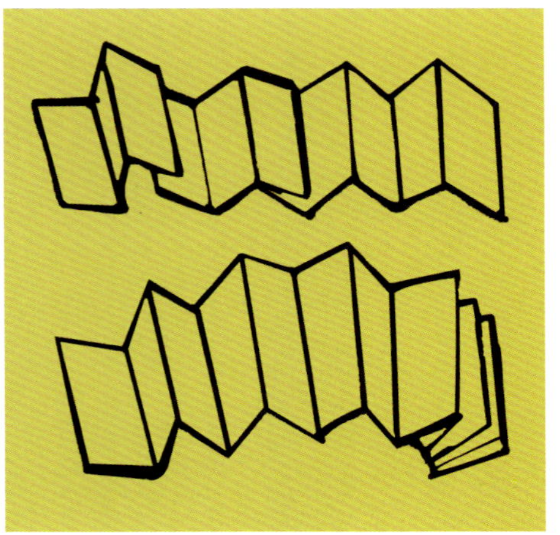

图10 经折装

将书页按顺序裱贴成长条后，再按书页尺寸反复折叠，前后用厚纸作封的一种书籍装帧形式。较为考究的书，还要装入函套保存。多用于佛经写印本，所以称为经折装。起源于唐代，流行至今。

图11 蝴蝶装

将印页沿中缝向内折叠，按书页顺序装齐，沿折缝一边用糨糊粘牢，用厚纸（或织物裱纸）包封后三面裁切的一种书籍装帧形式。它起源于五代，盛行于宋元，在书籍史上开创了册页装的时代。这是一种全新的装帧形式，它首创的版面规格形式、版面行格的装饰、书籍的版权和目录、注文的排列形式等都为后来的书籍所效法。

图12 包背装

与蝴蝶装的折法正好相反，包背装是将书页沿中缝文字向外折叠，书页排序装齐，穿孔用纸捻订牢，先将订口边裁切粘上书皮，最后裁切上下书口而成。该形式起源于南宋，盛行于元代。

图13 线装

这是至今仍沿用的一种装帧形式。线装折叠方法与包背装相似，只是封皮与书页同时三面裁切后，再在订口处穿线订牢。线装起源于五代，但使用较少，明代中期才开始盛行，并流传至今。

图14 毛装

折页方法如包背装和线装，仍然是版心所在折边朝左向外，文字向人，集数页为一叠，截齐出口，然后右侧打眼穿捻，不用线订。有的除书口外其余三边不切齐，毛边参差。这种不加封面、不切书口、不用线订，而只用纸捻粗装的形式，就称毛装。

### 3. 书籍形态的成熟

辛亥革命推翻了封建王朝，这一划时代的社会变革，把中国出版业推向一个新的发展纪元。西方现代印刷技术逐步代替了我国传统的印刷术，使书籍生产的工艺发生剧变，产生了以现代工业为基础的印刷与装订工艺。书籍的装帧形式发生改变，出现了现代平装书和精装书。（图15、图16）

图15

图16

平装书为通常读本，书芯外有一裹背的封面。由于生产工艺的逐步改进及消费水平的提高，对待平装书的看法也有改变。早年的“平装书”以“平订”“骑马订”的方法装书，并以此为判别的依据。今天人们观念中的“平装书”，即凡不是硬壳封面的书籍都是平装书。即使是采用“锁线订”“无线订”，封面加“勒口”，书内加“环衬”的书（“精简装”书），也都视为平装书。

精装书指书籍的一种精致制作方法。精装书是与平装书相对而言，凡是书芯外有硬壳，封面带有堵头布的书皆称之为“精装书”。精装书最大的优点是护封坚固，起保护内页的作用。精装书的内页与平装一样，多为锁钱钉，书脊处还要粘贴一条布条，以便更牢固地连接和保护。在书的封面和书芯的脊背、书角上进行各种造型加工后制成的。加工的方法和形式多种多样。书脊有平脊和圆脊之分，平脊多采用硬纸版做护封的里衬，形状平整。圆脊多用牛皮纸、革等较韧性的材质做书脊的里衬，以便起弧。封面与书脊间还要压槽、起脊，以便打开封面。封面加工又分整面、接面、方圆角、烫箔、压烫花纹圆案等。

第一章

# 书籍形态主要构成要素

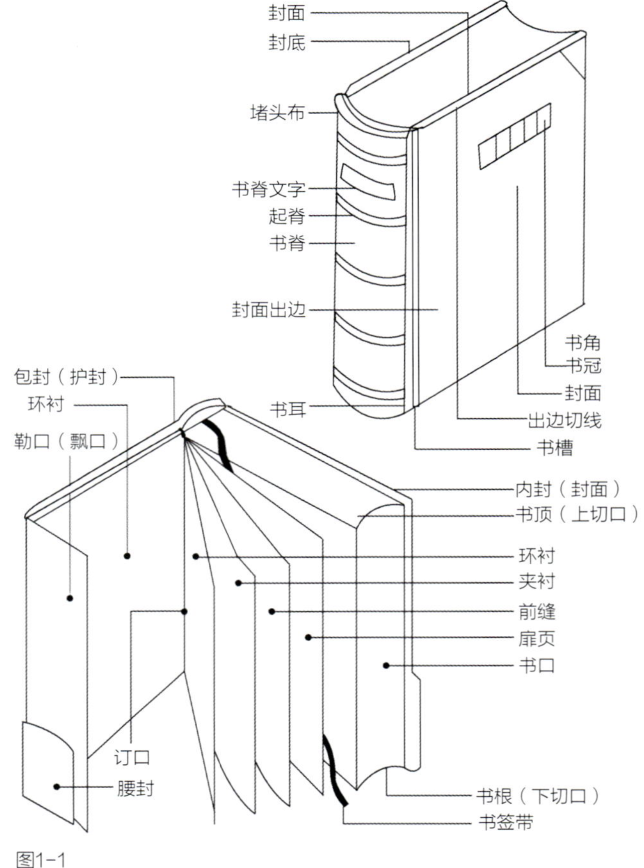

图1-1

## 第一节 书籍形态的结构及设计流程

书的形态在人们头脑中固有的概念是六面体，这是根植在人们脑海中的形象。世界范围内的出版业出书一般有两种规格：一种为精装书（图1-1），一种为平装书（图1-2）。

精装书的成本较高，出版社会很慎重地挑选作为精装本的书籍。目前市场出现假精装书籍，也是基于成本考虑。

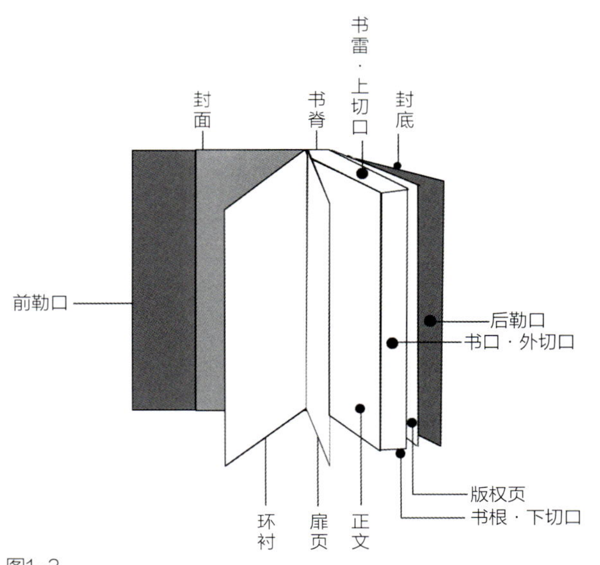

图1-2

书籍的构成：

套装——外包装，起到保护书册的作用。

护封——装饰与保护封面。

封面——书的最外面一层，分封面和封底。

书脊——封面和封底当中书的脊柱。

环衬——连接封面与书芯的衬页。

空白页——签名页、装饰页。

资料页——承载与书籍有关的图形资料、文字资料的页面。

扉页——书名页，正文从此开始。

前言——包括序、编者的话、出版说明。

后记——跋、编后记。

目录——具有索引功能，大多安排在前言之后、正文之前，内容包括篇、章、节的标题和页码等。

版权页——记载书名、出版单位、编著者、开本、印刷数量、价格等有关版权信息的页面。

书芯——指书籍除去封面和外部装饰的部分，包括环衬、扉页、内页、插图页、目录页、版权页等。

书籍形态设计是指开本、字体、版面、插图、扉页、封面以及纸张、印刷、装订和材料等的艺术设计，亦即从原稿到书籍成稿的整体设计流程（图1–3）。

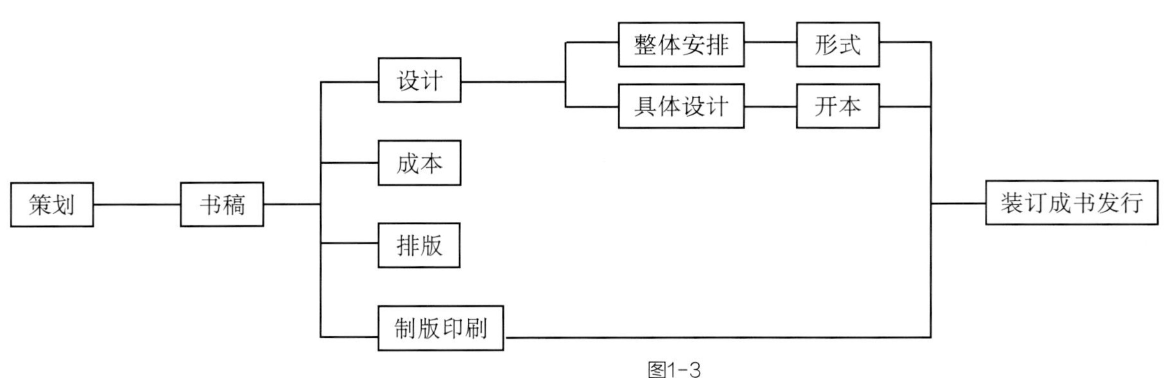


图1–3

一本好的书籍的产生包括以下过程：选题（市场需求）、策划（确定合适的作者）、写作（优美的文字）、编辑加工（体现编辑的智慧）、设计（设计师对书籍整体的认识与创造）、制版打样、印刷装订。这一系列环节完美协作才能生产出好的书籍，才能完成对书籍整体形态的塑造。所以当代意义上的书籍产生，必须是各环节间立体的、有效的、富有美感的合作过程。

## 第二节 封面设计

### 一、封面设计的作用

封面作为书籍的“脸面”，是读者对书籍的第一印象。一本书拿在手中，从封面开始直到书籍封底结束，是一个完整的阅读通道，它的好与坏直接影响到书籍的销售。封面是读者最初与书籍进行沟通的媒介，也是书籍出售的一个起点。所以，无论是作者还是出版商，对封面设计都有独特的要求，力求表现出自身的风格和特色。伴随着出版市场的竞争日益激烈和人们审美需求的不断提高，对书籍封面的要求早已不再是简单的保护作用。在琳琅满目的书市上，读者不可能对每本书进行仔细的鉴赏，而书籍封面又是让他们目光停留的关键所在。读者很少是看完书籍内容再决定是否购买的，很多情况下书籍封面的精美与否是读者是否愿意继续翻阅以至最后购买的重要因素。因此，新颖精美的创意是封面设计的根本。

广义的封面包括封面（封一）、书脊、封底（封四）、前勒口和后勒口5个组成部分（图1–4）。狭义的封面专指封一。优秀的封面设计能让读者停下来，被优美的画面吸引，接着拿起书来翻阅，并产生购买欲望。封面是一本书整体设计的第一要素，从它开始，信息的编织就有了主要的线索，明确地反映出该书籍的整体风格与理念，以及里面的重要内容和独特见解。经过整体的策划编排，书的整体视觉形象会给读者留下印象。

后勒口　封底　书脊　封面　前勒口

图1–4

封面设计是从属性的艺术，从属于书籍的内容，类似于一种命题作文。它必须为内容服务，受到内容的制约，但又不是简单的直观再现。封面的设计多是图片、文字和符号的组合，但随着现代图书市场竞争的日益激烈，更多有创意的封面设计作品呈现在了读者面前。设计师打破常规的设计方式，根据书籍的内容风格来自由发挥，其独特性总会给读者留下深刻印象。

我们处在一个视觉社会，任何事情都会受到审美习惯的影响，书籍封面也不例外。经过多年的发展，每种类型的书籍封面都形成了自己独特的追求，封面早已不再仅仅是“包书皮”，人们已经认识到封面设计的重要性，也就是要以最少的素材来创造最大的空间，用最简洁的视觉语言表达出深刻、丰富的内涵。这里的“视觉语言”指的就是封面设计的艺术形式，它是书籍给读者的第一印象，是标志性的符号。（图1－5、图1－6）

图1－5

图1－6

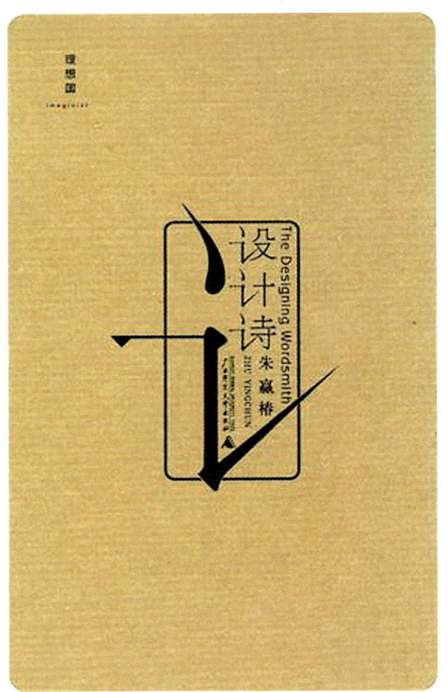


图1-7

## 二、封面设计的创新

现代书籍封面的设计应具有针对性，不可千篇一律，要根据书籍的内容和作者的意图来进行封面的创意设计，而封面设计既要有美的形式又要有实质性的内容。所谓美的形式就需要创意，这也是设计的灵魂所在，让读者在看到封面的同时能够感受到书籍的内在，对书的内涵有一个大概的理解，也就是要巧妙地利用图形、文字、色彩、版式、材质等把书籍的内在气质完美地反映在书籍的外在形态上。

现在的图书封面设计日益多样化，无论在字体、版式还是印刷工艺、材质方面都下了很大功夫，力争一下子抓住读者的眼球。封面设计必须把握好基本的原则：在充分考虑传达书籍信息的基础上兼顾形式的美感，让读者在获得知识的同时得到一种美的享受。如图1−7朱赢椿设计的《设计诗》牛皮纸封面，四边圆角，单纯的字，将诗歌用设计的手法制作展现，呈现出画面上的诗意感觉。又如图1−8朱赢椿设计的《元气糖》海绵封面，装帧布书脊，有线胶装，四边圆角，再以橘色圆点糖纸包装，活脱脱一枚现实版“元气糖”，创意十足。

图1-8

**1.封面设计的构思**

封面设计首先应该确立表现的形式要为书的内容服务的原则，用最感人、最形象、最易被视觉接受的表现形式，所以封面的构思就显得十分重要，要充分弄懂书稿的内涵、风格、体裁等，做到构思新颖、切题，有感染力。

（1）想象：想象是构思的基点，想象以造型的知觉为中心，能产生明确有意味的形象。我们所说的灵感，也就是知识与想象的积累与结晶，它对设计构思是一个开窍的源泉。

（2）舍弃：构思的过程往往“叠加容易，舍弃难”，构思时往往想得很多，堆砌得很多，对多余的细节爱不忍弃，这无疑直接影响了封面设计的视觉效果。在封面设计中，对不重要的、可有可无的形象与细节，要坚决忍痛割爱。

（3）象征：象征性的手法是艺术表现最得力的语言。用具象形象来表达抽象的概念或意境，或用抽象的形象来意喻表达具体的事物，都能为人们所接受。

（4）创新：在封面设计中流行的形式、常用的手法、俗套的语言要尽可能避开不用；熟悉的构思方法、常见的构图、习惯性的技巧，都是创新构思表现的大敌。构思要新颖，就需要不落俗套、标新立异。要有创新的构思就必须有孜孜不倦的探索精神。如图1-9是全子设计的《小红人的故事》封面。

**2.封面设计的图形**

封面设计是人们对书籍的最初印象，在书籍装帧设计中，占有不容忽视的位置。它的作用不光是保护、装饰、美化书籍，更重要的是承载书籍形象、反映书籍的内容和形式。而在所有的视觉信息中，图形无疑是一种很好的凸显方式。

图形是书籍封面设计中能够强化主题的一种重要元素。好的封面图形设计应该在审美的基础上具有强烈的视觉震撼力，让人耳目一新。在书籍封面图形设计中最重要的是研究封面图形与书籍内容之间的内在联系，并在此基础上创作出符合读者审美要求、具有时代感的封面设计，不能仅仅只是图片的华丽拼接，而应是书籍内容精髓的视觉形象化的再现，体现作品气质，使作品得到升华。因此图形在书籍封面设计中的潜力是巨大的，好的图形是一本书形象的体现，对书籍封面设计起到了至关重要的作用。

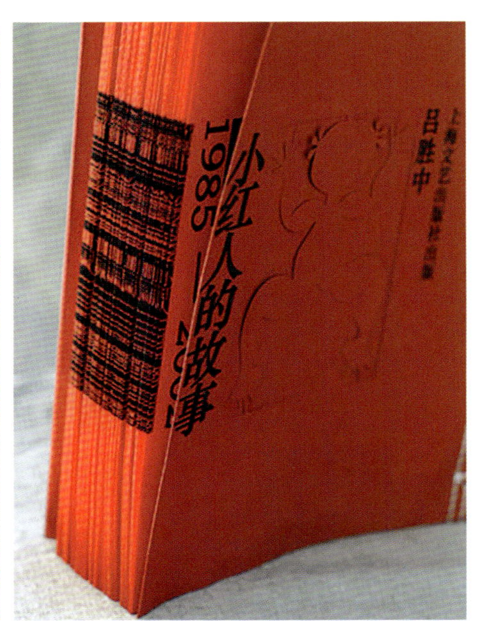


图1-9

（1）规则及不规则图形在书籍封面设计中的应用

在书籍封面设计中，规则和不规则构成是一种相辅相成的关系，这种互补关系有着格式塔心理学上的深层依据。规则的图形倾向于稳定、静止、秩序、规律，但一味强调规则会导致画面语言的单调和刻板；不规则的图形倾向于活泼、生动，但走向极端就会干扰正常的视觉秩序。秩序感是人们审美知觉活动中一条最基本的心理学原则，在这种知觉过程中，过于单调常见的图形引不起人的知觉兴趣，太杂乱的图形又使人茫然，因此书籍封面图形设计的审美要求就建立在这种简单与复杂、规则与不规则之间。封面设计中很好地应用规则与不规则图形，会让书籍封面设计产生活跃的气氛，带动读者的情绪。

（2）正负图形在书籍封面设计中的应用

正负图形是平面设计所特有的设计手段，它以自己独特的具有很强感染力的简洁图形语言传达多重信息，通过逆向思维深化读者印象。这种图形之间巧妙、奇特的构成，要比精确地描绘物象更为不易。在全神贯注于一个物形的同时又能注意到物形之外的空白处所形成的负形，让视觉进行多重阅读，在图形中寻找、回味、领略其中的妙处，这是图形创意特有的亮点。将这样的视觉语言引入到书籍封面设计当中，必然会在短时间内吸引读者的视线。不仅如此，读者还会在图形的寻找、玩味过程中体会设计师的设计意图，更加深刻地理解设计主题。

（3）文字图形在书籍封面设计中的应用

文字的图形化设计，是以文字为基点进行的设计，在文字的图形化设计中，文字有另一种新的视觉表现，使文字的图形化设计在具有文字传词达意的准确性的同时，又具有图形语言表达的抽象性。文字的图形化在现代书籍封面设计中的应用非常广泛，这样也能够达到精准地传达书籍内容信息的意图。把文字本身当作一种图形来对待，在汉字结构上的图形化、创意化，让人们在熟悉已有汉字的基础上，想象其变化后的另一种含义。（图1-10～图1-14）

图1-10

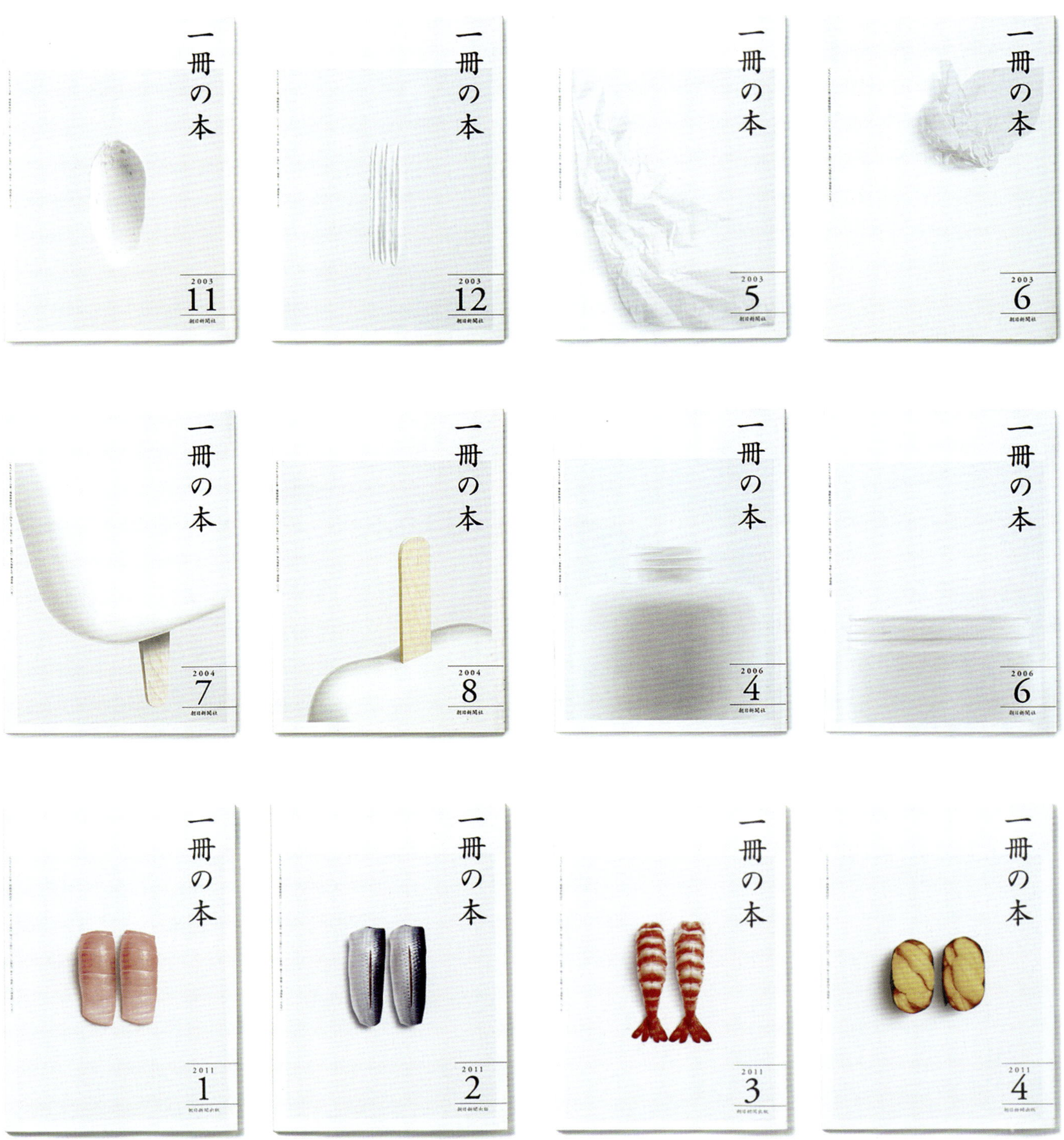
一冊の本
2003
11
一冊の本
2003
12
一冊の本
2003
5
一冊の本
2003
6
一冊の本
2004
7
一冊の本
2004
8
一冊の本
2006
4
一冊の本
2006
6
一冊の本
2011
1
一冊の本
2011
2
一冊の本
2011
3
一冊の本
2011
4

图1-11-1

图1-11-2

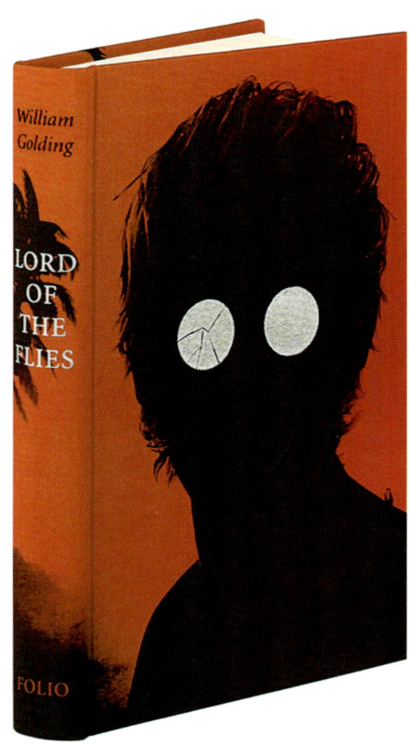


图1-12

图1-13

图1-14

**3.封面设计的色彩**

之所以强调色彩在封面设计中的重要性，是因为封面色彩给读者视觉上带来的冲击力是来自第一时间的震撼，读者的眼球先是被色彩抓住了，而后才关注版式和图形等因素。人类文明伊始，色彩就成为沟通的一种语言，人们用色彩表达情感，宣泄情绪。在书籍设计师手中，色彩的作用更是被发挥得淋漓尽致，充满了无穷的魅力。

封面设计的色彩是体现书籍主题、表达情感、创造意境、激发读者审美联想的重要因素。封面艺术的情感不能只靠形象来体现，还要有色彩的协奏，才能组成一曲优美的旋律。所以，研究与探讨封面色彩的目的，就是要使其与立意、构图协调一致地去创造感人的艺术形象。

书籍封面色彩设计需依循以下规律和原则：

（1）色彩对象的符合性

封面的色彩必须符合书籍的特性，“随类赋彩”是封面色彩艺术的基本规律。封面色彩具有从属性质，它受书籍内容的制约，还受到立意、构图、形象等形式因素的制约。一般来讲，历史文献和经典论著色彩宜庄重而不呆板，多用深而灰的色调，理性强的偏冷色，文艺类的偏暖色；小说的色彩要含蓄而不晦涩，内容博广宏大的小说和诗歌多用暖的深色调，忧伤而带着悲剧色彩的作品多用冷的深色调；抒情性的散文、小品、诗集多用偏冷的浅色调；温馨的女性文学作品多用浅的暖色调；少儿图书的色彩要活泼而不轻佻，多用暖而鲜艳的色调；青年图书的色彩则要明快而不飘浮；生活工具书多用暖而偏灰的色调；教材科技书多用灰色调……

色彩的运用要考虑内容的需要，用不同色彩对比的效果来表达不同的内容和思想，在对比中求统一协调，以间色互相配置为宜，使对比色统一于协调之中。书名的色彩运用在封面上要有一定的分量，纯度如不够，就不能产生显著夺目的效果。另外除了绘画色彩用于封面外，还可用装饰性的色彩表现。文艺书封面的色彩不一定适用于教科书，教科书、理论著作的封面色彩也不适合儿童读物。要辩证地看待色彩的含义，不能形而上学地使用。（图1-15～图1-18）

图1-15

图1-16

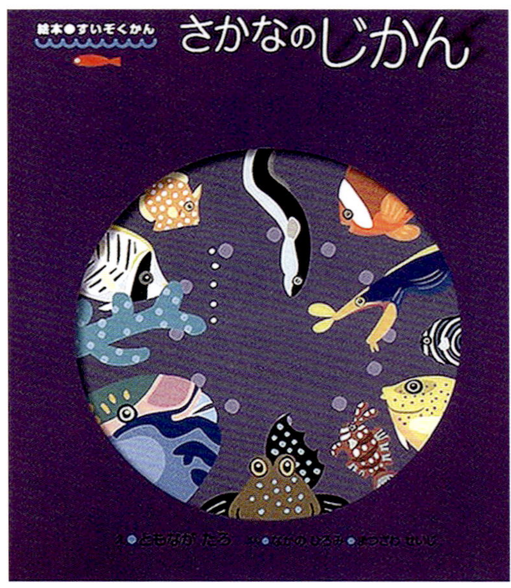


图1-17

图1-18

（2）色彩表现的简约性

现代生活讲究高效率、高速度、快节奏，这不能不使人们的审美意识发生变化。就建筑而言，过去那种繁彩镂金的建筑形式已被经济、实用、简约、明快的现代建筑所替代。再如充满社会各个角落的商标广告设计，有些色彩烦琐得令人眼花缭乱，使得信息传递速度受到直接影响；而经典的商标广告色彩总是使人一目了然，加快了信息传递的节奏。所以，用于封面设计的色彩一般不宜过多，以免造成混乱。

对书籍封面来说，使用色彩的重要目的不仅在于赋予形态以视知觉上的美感，更重要的是通过对色彩情感特性的了解来合理地选择和搭配色彩，创造出意境深远、书卷气浓郁的作品。书籍封面的设计除在选择色彩以及色彩搭配过程中寻求平衡点之外，还要在色彩传承与创新中寻求一个平衡点，以适应时代的发展。我们既不能对传统视而不见，也不能不加选择地接受传统，跳不出传统，这样就显得没有时代气息了。如图1–19～图1–23所示的是一些优秀的外国书籍设计范例。

图1–19

图1-20

图1-21

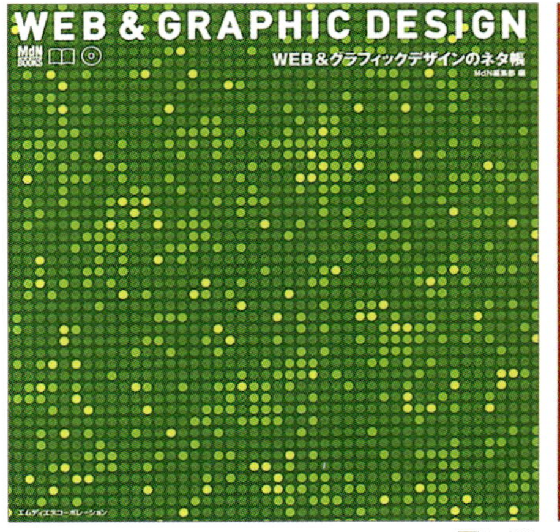


图1-22

图1-23

#### 4. 书脊设计

书脊又称“封脊”，在书籍的空间展示中起着至关重要的作用。它处于书的最外侧，是书籍的“脊梁”，连接着封面与封底。德国著名书籍艺术家汉斯·皮特·维尔堡在《发展中的书籍艺术》中这样评价书脊的作用：“一本书籍一生的百分之九十显露的是书脊。”现代书籍展销有两种摆放形式：一为书籍平摆、以封面为主的销售方式；二是利用书脊识别的架上销售方式。封面、书脊、封底的连续视觉诱导，其促进销售的作用是不可低估的。书脊具有展销、识别及美化空间的功能。当书被存放在书架上时，书脊自然而然地成为展现书籍内容的唯一载体，它能告诉读者书的名字、作者、出版社等书籍的主要信息。人们找需要的书，就要依靠书脊所展示的信息来辨别，因此这个方寸之地引起了不少设计师的高度重视。书脊特有的陈列与空间属性、特有的传达功能与审美情趣可以有效地烘托书籍的意境，展现书籍的内涵。如图1-24所示的是获评2008年“中国最美的书”——《国家备览》，由吕敬人设计。

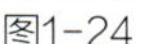
图1-24

设计者要合理地运用文字、图形、色彩、材料、工艺等设计元素，设计出有创意的书脊，达到书脊功能性要求和艺术性要求的完美统一，增加书籍的感染力，力求瞬间打动读者。随着印刷工艺及装订技术的提高、材料的多样化以及设计理念的多元化发展，书脊设计必定会在书籍设计中占有愈来愈重要的位置。

书脊虽然不能脱离封面和封底来独立设计，但是在重视程度上却不能放松，它既是书籍的一部分，也是可以独立展示的。依据视觉传达和展示功能的效果来讲，它又是可以独立担当重任的。对于设计，创新要求是个永恒的话题，在设计的各个环节都应该注意创新的要求，创新的方法和技巧也是千变万化的，具体做法有四个方面：

（1）由于书脊面积狭小，设计时要集中突出主要信息，内容要精练。在文字的编排上，可减少文字层次，字体设计组合化、文字布局集中化，突破文字的排列习惯。

（2）标识或丛书符号的设计要精简概括、造型特别、易于识别。

（3）图形图案与封面要有连贯和呼应，层次宜少不宜多，忌讳烦琐复杂，特别要避免文字压图所造成的视觉混淆。

（4）色彩要明快，不宜用过多的色彩。可利用色块的衬叠、字体粗细及明度的反差形成强烈对比，同时，也要做到粗中求精，简洁大气而不失细节精致。

书脊的信息容量是受书的厚度制约的，字号、标识、创意图案等，均被限制在有限的长条空间内，因此，信息传达功能及形式美的要求是至关重要的。要使书脊在富于个性的同时更好地和封面统一，需要设计者具备极强的控制力，加上书脊主要用于书架展销，因此书脊设计还有重要的一条原则，即更好地美化空间。（图1–25～图1–27）

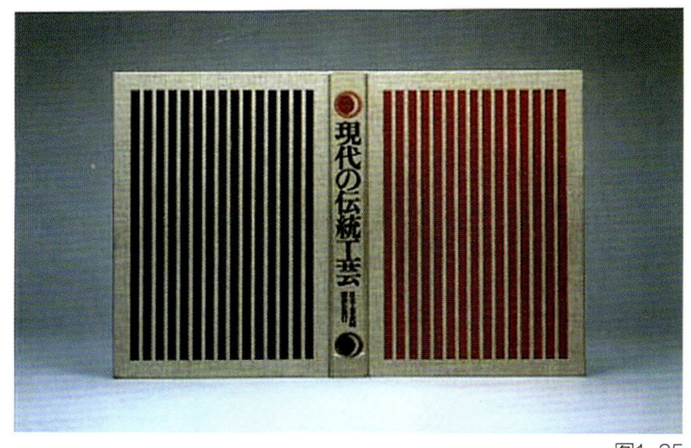


图1–25

Shortlisted for the Man Booker Prize 2008
A Fraction of the Whole
Steve Toltz
Wall Street Journal
Los Angeles Times

图1-26

URBAN
SECRETS
LONDON

图1-27

5. **封底设计**

书籍像一条流动的河，里面承载的内容跌宕起伏，丰富的信息分别载于这本书的各个空间。使这些信息在空间中“动起来”，刺激读者的阅读兴趣，使书中内容得以传播，是书籍设计的要点。

（1）封底设计可吸引读者的购买欲。封底重复使用封面上的色彩和形象等，连续地传播视觉信息，可使读者产生深刻的印象。

（2）封底设计可以进一步宣传图书及出版社。利用封底的空间，将书或出版社的宗旨及该书的简介及时、准确地传达给读者，可以弥补其他宣传品的不足。

（3）封底设计可以延伸美感，塑造完整的书籍形态。求得最大限度的完美，也是出于销售的需要。封面、封底和书脊同样承载各自特殊的信息及形式美感，只有达到统一、和谐的效果，书籍形态才能够完美。（图1—28～图1—30）

图1-28

图1-29

图1-30

## 第三节 版式设计

### 一、书籍版式设计构成要素

书籍的版式设计是指在一种既定的开本上，运用丰富的图形元素、合理的文字搭配、色彩的空间调和等，使书籍传达的信息内容主次分明、疏密有致，图形、文字、色彩配合的协调、美观，让读者在视觉感官和心理感官上达到统一与满足，充分地享受到阅读的趣味性和视觉的冲击力。

版式设计是现代设计艺术的重要组成部分，是视觉传达的重要手段。其宗旨是在版面上将文字、插图、图形等视觉元素进行有机的排列组合，通过整体形成的视觉感染力与冲击力、次序感与节奏感，将理性思维个性化地表现出来，使其成为具有最大诉求效果的构成技术，最终以优秀的布局来实现卓越的设计。

构成要素是版式设计中所必需的最基本的初始素材，是构成版式视觉形式的前提。文字、图形、色彩是三个密切相关的构成要素，在书籍版式设计中通过变异、组合、强化，从而产生美感，形成独特的视觉语言。

**1.文字——设计感的绝妙体现**

文字既是语言信息的载体，又是具有视觉识别特征的符号系统；不仅表达概念，同时也通过诉之于视觉的方式传递情感。文字版式设计是现代书籍装帧不可分割的一部分，对书籍版式的视觉传达效果有着直接影响。

（1）字体造型元素的特性

书籍离不开文字，而字体、字形、笔画、间距等为文字的基本元素。我国目前书籍装帧设计中的文字主要归纳为两大类：一类是中文，另一类是外文（主要指英文）。文字要素的协调组合可以有效地向读者传达书籍的各种信息。在书籍装帧中，字体首先作为造型元素而出现，在运用中不同字体造型具有不同的独立品格，给予人不同的视觉感受和比较直接的视觉诉求力。（图1—31、图1—32）

AQUESTA ÉS LA SEU DEL NOU MUSEU DEL DISSENY DE BARCELONA
Ajuntament de Barcelona
MÉS DE 70.000 OBJECTES
RECERCA I DIFUSIÓ DEL DISSENY

Museu del Disseny de Barcelona

图1-31

图1-32

（2）文字字体间的内在联系

书籍装帧中的文字有三重意义：一是书写在表面的文字形态，二是语言学意义上的文字，三是激发人们艺术想象力的文字。在设计时应以画面中使用的不同字体为基点，从字体的形态结构、字号大小、色彩层次、空间关系等方面入手。为使文字的版式设计与书籍风格特征保持统一，选择何种字体以及哪几种字体，要多做比较与尝试，运用精心处理的文字字体，可以制作出富有表现力的版面。同时，文字版式设计应具有一个总的设计基调，我们除了对文字特性进行统一外，也可以从空间关系上达到统一基调的效果，即注意字体组合产生的黑、白、灰——明度上的版面视觉空间，它是视觉上的拓展。（图1-33～图1-35）

05 - 06 - 13
BEST OF GRADUATE FASHION WEEK
GALA & AWARDS SHOW
02 - 05/06/13
GFW'13
GRADUATE FASHION WEEK 2013
George.
Presents
GRADUATE FASHION WEEK
05 - 06 - 13
PROGRAMME
GRADUATE FASHION WEEK 2013

图1-33

图1-34

图1-35

（3）版式设计的字体空间运用

空间给字体视觉元素界定了一定的范围和尺度，视觉元素如何在一定的空间范围里显示最恰当的视觉张力以及良好的视觉效果，与空间关系上对不同字体负形空间的运用有直接关系。在版面中除了字体等实体造型元素，编排后剩余的空间（即“负形”），包括字间距及其周围空白版面，也会影响文字版式设计的视觉效果。负形与字体实形相互依存，使实形在视觉上产生动态，获得张力。有效运用负形空间的特点，可以协调书籍的文字版式编排。在安排文字的位置、结构变化与字体组合时，应充分考虑负形的位置与大小。负形的感觉是一种轻松、巧妙的留白。讲究空白之美，是为了更好地衬托主题，集中视线和拓展版面的视觉空间层次，给读者留出恰当的视觉休息和自由想象的空间，使其在视觉上张弛有度。在字体与笔画之间巧妙地留有空白，有利于更加有效地烘托画面的主题，集中读者视线，使版面布局清晰、疏密有致。（图1-36～图1-39）

PASADA
DE FIESTA
PARA SOKO ZINE

ARE YOU
READY 4
PONCHO

图1-36

BLONDE
ON
BLONDE

图1-37

OBJEKT
052

OBJEKT
057

057
CONTENTS

TEXTILE
TUSSLE

TEXT
INTYPE

图1-38

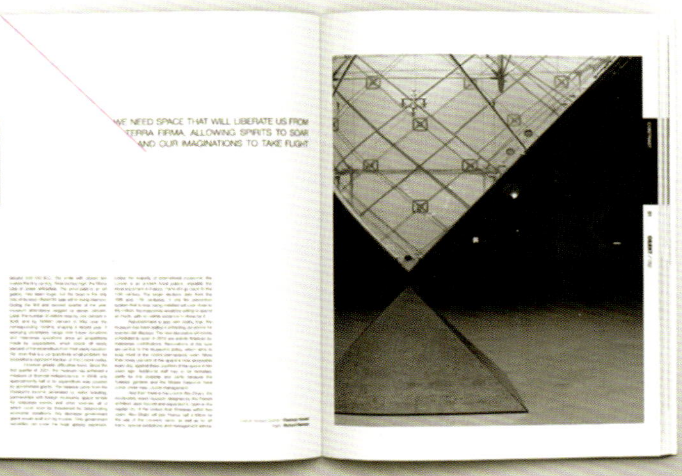
WE NEED SPACE THAT WILL LIBERATE US FROM TERRA FIRMA, ALLOWING SPIRITS TO SOAR AND OUR IMAGINATIONS TO TAKE FLIGHT

CONTRAST

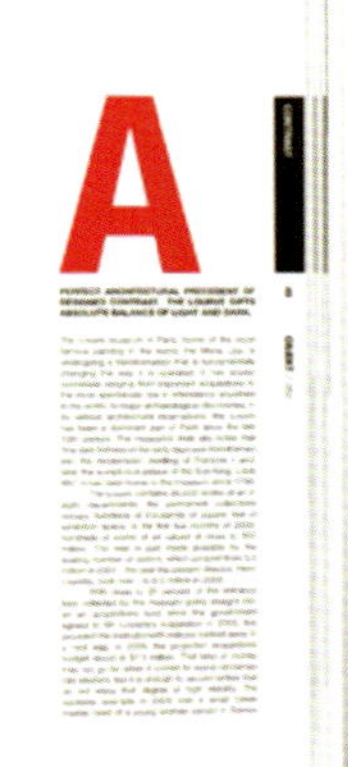
A

052
CONTENTS

图1-39

### 2. 图形——丰富版面必不可少

图形作为一种语言，有自己独特的语言特点，它以独特的语言方式传递信息。图形语言是书籍设计中的重要视觉形式，图形语言中词汇的选择和组合以及新的表现手法的融入，直接影响到书籍的整体设计。

在版式设计中，图形和文字是不可或缺的要素，二者相互交融，共同构成图书版面。图形的出现可以增强文字的说服力和读者的阅读兴趣，图形在文字中出现的频率以及图形的性质、数量等因素都会影响读者的注意力，激发不同读者的阅读兴趣。图形可以充当整个版面的辅助元素，以点、线、面的形式来丰富版面，缓解读者的视觉疲劳，增强阅读的趣味性。（图1－40、图1－41）

在版式设计中，图片编排位置的不同直接关系到版面整体的构图效果，能使受众产生不同的视觉效应和心理反应。图片放置于版面中央，视觉冲击力最强；放置于版面下部，有平静和下坠感；放置于四角，能起平衡和稳定作用；当图片排列带有方向性时，会给版面增加动向感，等等。在遵循内容需要原则的基础上，设计师要充分考虑图片位置带来的视觉感受，为图片选择合适的位置。

图1-40

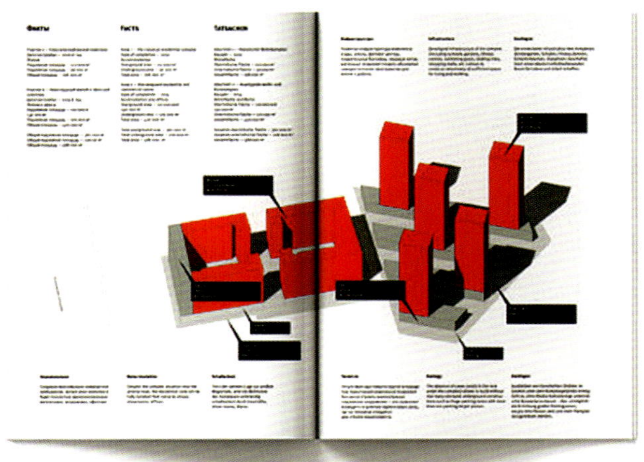

图1-41

另外，图片面积的大小也会直接影响主题信息的传达和视觉效果。大图片注目率高、感染力强；小图片精致灵活，常起呼应和点缀作用。因此，在版面的图片编排中，要把主要的、主题性强的、视觉效果好的图片放大，把从属的图片缩小，使版面有明确的主从关系，使之产生一定的视觉节奏。使用大图片，版面则简洁清晰；使用小图片，版面则更活泼、更具动感。与不同的图书版面相匹配的图片大小各不相同，没有一定的标准，它的选择取决于图书的表达主题和设计者的表达意图。（图1－42～图1－44）

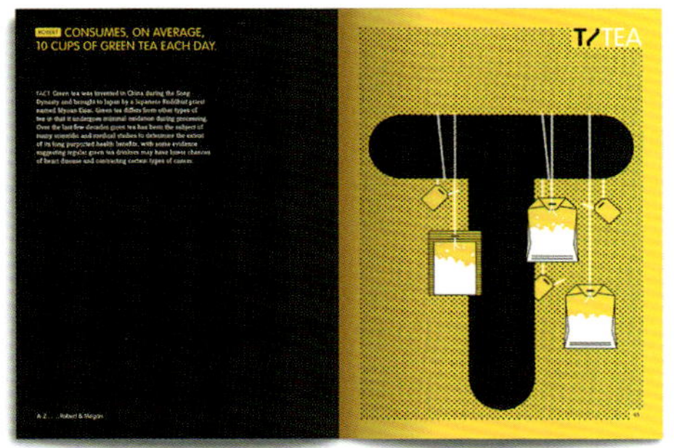
CONSUMES, ON AVERAGE, 10 CUPS OF GREEN TEA EACH DAY.
T/TEA

IGNORE THEIR BETTER JUDGEMENT AND VENTURE OVER THE EDGE.
P/PARAGLIDING

DETAILS

G/GARDENING

AND HIS BROTHERS BUILT MODEL ROCKETS AND LAUNCHED THEM TO GREAT HEIGHTS.
R/ROCKETS

SPENDS HIS DAYS WORKING IN THE FIELD OF DESIGN.
D/DESIGN

O/ONSEN

LIVED AND WORKED IN TOKYO, JAPAN FOR A YEAR.
J/JAPAN

图1-42

KEEPS IRREGULAR HOURS
WHEN WORKING HARD
N/ NIGHT OWL

SPENT THREE SUMMERS
TEACHING KIDS TO RIDE HORSE-
BACK IN THE OZARK MOUNTAINS.
E/ EQUESTRIAN

EXPLORE
HISTORIC DESTINATIONS
WHEN ON VACATION.
V/ VACATION

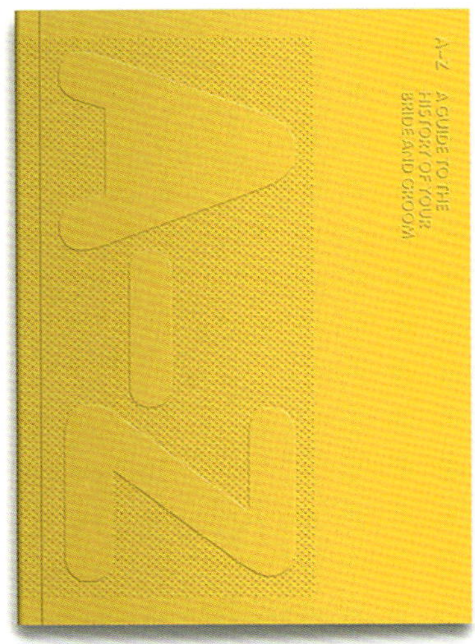
A–Z A GUIDE TO THE
HISTORY OF YOUR
BRIDE AND GROOM

图1-43

图1-44

### 3. 色彩——图书灵动的生命

较之文字和图形，色彩在版式设计中的位置往往被人看轻。约翰·伊顿认为：“色彩就是生命，因为一个没有色彩的世界在我们看来就像死了一般。”色彩是一种拥有强烈刺激的视觉效果的设计元素，对人的视觉有着先声夺人的作用，它能对人的观感产生直接影响，引发人的情感联想等心理共鸣。在版式设计中，色彩运用得当能给整本图书起到画龙点睛的作用，反之，则会产生巨大的反作用，可能会让受众产生抗拒心理，降低心理接受度。对于图书的版式设计来说，色彩与文字、图片同等重要。因此，如何运用好色彩是版面设计要解决的重要问题。

色彩往往能第一时间抓住人的心，故运用色彩表达设计师的创意是很重要的手段。作为版式设计的色彩运用与造型艺术的色彩运用并无太大区别，首先要把握色彩的心理属性，包括由色彩变化表现的情感联想等。由于色彩对人的心理影响直接而强烈，所以设计师必须要掌握色彩暗含的心理含义，准确地利用色彩和色彩之间的搭配完成主题精神和版面创作意图，在理解色彩表现主题的视觉与心理感受时，不能以设计者的好恶为出发点，要考虑阅读的主体，让他们的心理情感成为色彩使用时的定位依据。

色彩是版式设计的辅助元素，是用以衬托主题、点缀版面、渲染视感、平衡画面、区分主次、激活版式视觉关系的视觉要素。色彩在版式设计中不具备针对性和主题性，是视觉语言的延伸。不同色相的色彩可以表达不同的思想主题，我们既可以主观地设置不同的色块、底色，也可以利用纸材的固有色彩巧妙搭配，在视觉上形成色彩服从图片——图片服从文字——文字服从主题的基本链式。（图1-45～图1-47）

图1-45

Creamfields
Awards
Creamfields is one of the most recognised music & event brands in the world, attracting over 250,000 people every year.
Case study: Creamfields UK

图1-46

02
ILLUSTRATIONS ART
FOLIOMANIA
FOLIOMANIA
GRAPHIC DESIGN
PHOTOGRAPHY &
INTERACTIVE
FOLIOMANIA
GRAPHIC DESIGN
PHOTOGRAPHY &
INTERACTIVE

图1-47

### 4.插图——直观的视觉形象

插图源于我国古代，在古代小说中由于出现的形式不同，名称各异，如宋元小说中称之为“出相”；而到明清时期，卷头画中出现的人物称为“绣像”；章回故事小说，则称为“全图”。在西方，插图称为“illustration”，即为说明、启发等意思，也是信息的一种传达形式，具有形式和内容的独立性。具体来讲，插图有广义和狭义之分，狭义上的插图是指一种绘画，但是不同于一般独立欣赏性的绘画，它是一种相对独立的，但也有从属必要性的表现形式；广义上的插图则指将插图艺术转化为一种视觉的语言、一种视觉的思维方向、一种审美的意象来审视。

插图，顾名思义是指附于书刊上的图画，是对相关书籍内容的解释，运用图画增加文字的视觉感受，实现图文并茂、交汇生趣。插图分为两种，一类称为艺术插图，一类称为技术插图，两类插图在不同的书籍类别中都发挥着重要的作用。

艺术类插图原是对应文学作品而创作的视觉图像，用于帮助丰富文字内容，增加阅读兴趣，活化阅读版式，现尤以商业艺术插图最为广泛。图中以梦幻的想法、夸张的手法，表达文字所要表达的含义，具有艺术独立价值。除了现在流行的商业艺术插图，在许多文学作品中，在忠实于作者创作精神的基础上绘出的插图，也属于艺术插图，它能提升文学作品的感染力，拓宽阅读者的思维空间。插图的表现形式不同，给予读者的感受也是不同的，一幅好的插图往往起到画龙点睛的作用，用以表达书中所要描述的高潮部分以及书中主人公的情感变化。

技术类插图，是在科学类书籍中的插图，力求合理表达文字内容，表达真实、准确，让读者一眼就能看明白。在这类书籍中，如果加入了过多非理性的东西，加入了太过夸张的手法，会使读者产生歧义，让读者不知道所以然，那就失去了插图本来的价值。这类插图尤以科普类书籍居多，在书中，以反映实际的插图作为读者学习的一种途径。

（1）插图的特点

① 从属性

插图自从诞生以来就受到种种限制。从插图的应用功能来说，它不能离开书籍而独立存在，它依附于书，受其约束，与书籍的整体风格设计相吻合，画师创作出的插图样式要与书的整体风格相协调，与书籍的装帧设计相契合。这种限制，就是它的从属性。同时，插图从属于文学作品的主题和内容，这是不言自明的，要以文学作品中描写的某些情节作为创作的依托，要符合文学作品的总体精神。另外，我们还必须对插图形式、印刷方式、材料等有清楚的了解，必须考虑插图的表现形式与书的文字、纸张、印刷等之间的相互关系，这诸多的制约给插图画家创作带来了种种难题，但也正是由于这种限制造就了插图创作的独特形式和风格。

② 独立性

虽然说插图具有从属性，但是插图也具有独立性，主要表现在独立的艺术欣赏价值上，我们应该用辩证唯物主义的观点来看。插图的独立性是相对于其从属性而存在的，插图从属于文字，要根据文字内容的描述来绘制插图，但这并不意味着插图仅仅是对文字简单的说明。插图在文字中所起到的作用是主动的、积极的，插图有自己的世界，它是文字的延伸，是文字的诠释，是通过视觉想象来传达思想的独特艺术形式。纵观古今，我们可以看出，插图不是仅仅依附于文字的，它有高于文字的历史鉴赏价值，是具有独立欣赏价值的艺术作品，是现在可以珍藏的精品，也是插图创作的灵魂。

③ 装饰性

无论何种风格的插图，它们对书籍的装帧效果都是无与伦比的，同时，它也对书籍起到了装饰美化的作用。如果一本书中只有黑压压的文字，没有任何图片，那么读者在翻阅此书时，就会感觉到压力，感觉透不过气来，也就不会购买此书了。如果翻开图书，书中有黑白相间的插图，与文字融为一体，就增加了书籍的可阅读性；如果书籍中有彩色的插图，就会打破白纸黑字的沉闷，活跃读者心理感受。一束花、一湖水、一朵云、一只小鸟，简单勾勒的几笔穿梭于呆板的文字之间，就提高了出版物的艺术氛围，吸引了读者，提高了书籍的品位和可读性。（图1–48）

（2）插图的功能

① 辅助阅读，直观地传递信息

首先，插图的功能反映在辅助阅读上。语言有时难以表达清楚，插图能够帮助读者在理解文字的同时掌握文意，以达到授业解惑的目的。插图运用范围很广，尤其在科学、历史等科教类书籍中使用最多。

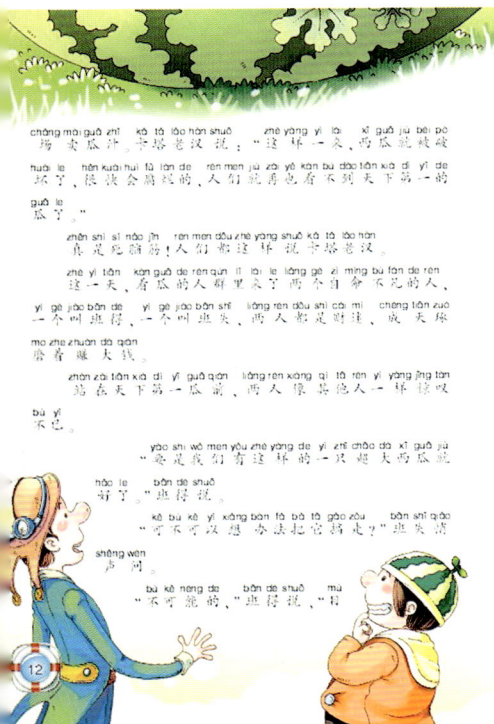

图1–48

其次，插图能够使读者心情愉悦，提高阅读效率。读者都有一个感受，如果长时间看着一本满是文字的书，那么读者的阅读兴趣会减少四分之三，同时也易于疲劳。因此，正如我们在阅读中体验到的那样，满纸满版的铅字显得异常单调，读来索然寡味，形同嚼蜡，而图文并茂的书籍则可以降低大脑的负荷，延长阅读时间，提高阅读效率。由此可见，是插图的出现让我们从枯涩的文字中挣脱出来。如图1-49～图1-51所示，“Visual Aid”（视觉教具）是一套通过通俗易懂的插图提供生活指南的系列图书，内容包括：色轮、通用标识、明星星座、如何按摩、意大利葡萄酒产区、如何打结、如何使用筷子、手语、莫尔斯电码等，这种不拘一格的插图和图表集让读者加快对生活最新情况的了解，而不再需要去广泛阅读。

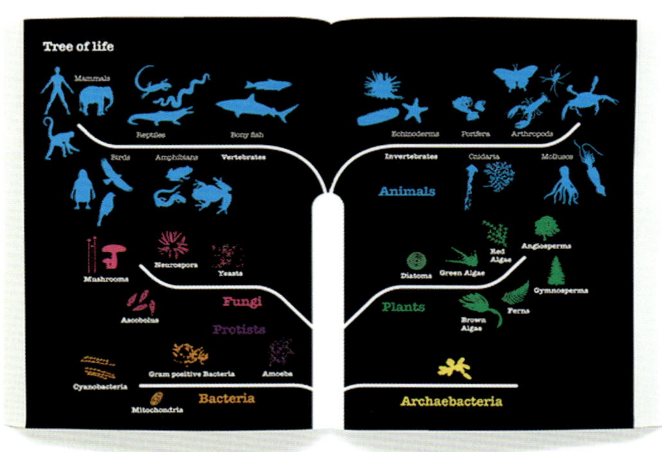


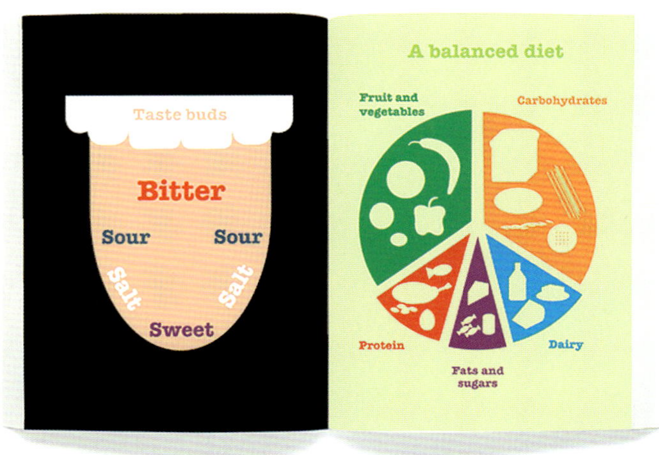


图1-49

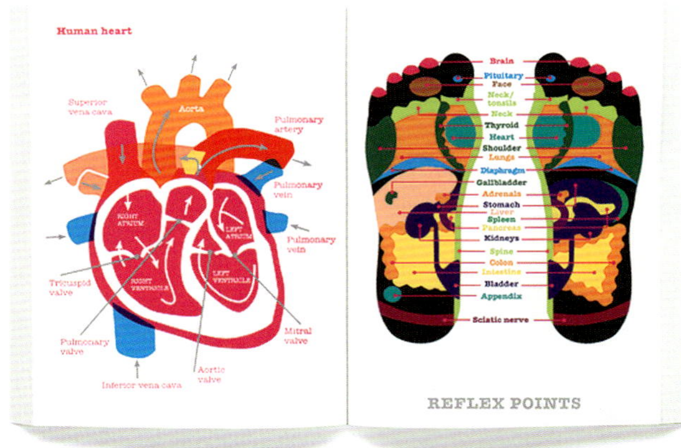
Human heart
Superior vena cava
Aorta
Pulmonary artery
Pulmonary vein
Pulmonary vein
RIGHT ATRIUM
LEFT ATRIUM
RIGHT VENTRICLE
LEFT VENTRICLE
Tricuspid valve
Pulmonary valve
Mitral valve
Aortic valve
Inferior vena cava
Brain
Pituitary
Face
Neck/ tonsils
Neck
Thyroid
Heart
Shoulder
Lungs
Diaphragm
Gallbladder
Adrenals
Stomach
Liver
Spleen
Pancreas
Kidneys
Spine
Colon
Intestine
Bladder
Appendix
Sciatic nerve
REFLEX POINTS

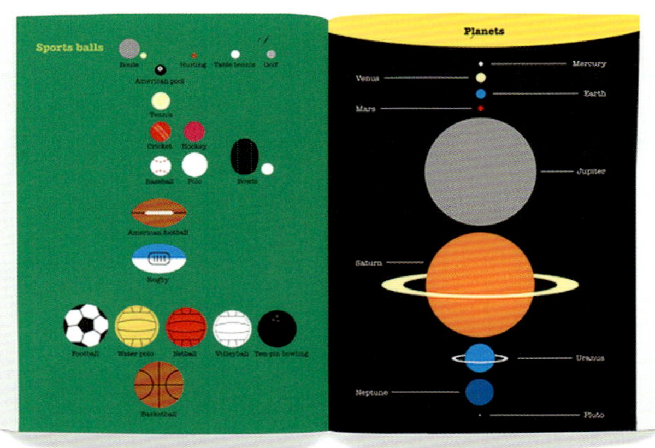
Sports balls
Table tennis
Golf
American pool
Tennis
Cricket
Hockey
Baseball
Polo
American football
Rugby
Football
Water polo
Netball
Volleyball
Ten pin bowling
Basketball
Planets
Mercury
Venus
Earth
Mars
Jupiter
Saturn
Uranus
Neptune
Pluto

Champagne making
pop
Select a Cuvée (wine made from either Chardonnay, Pinot Meunier or Pinot Noir grapes, or a blend of).
Add yeast and sugar, and seal with cap.
After a few years of fermentation the alcohol content will increase and $CO_2$ will dissolve into the wine, creating the bubbles.
Turn upside down so dead yeast cells gather in neck. Freeze the neck.
Remove cap and frozen dead yeast cells pop out.
Top up with sweet wine and cork.
Champagne bottles
Quart
Demi Bouteille
Bouteille
Magnum
Jeroboam
Rehoboam
Methuselah
Salmanazar
Balthazar
Nebuchadnezzar
Melchior
Solomon
Sovereign
Primat
Melchizedek

图1-50

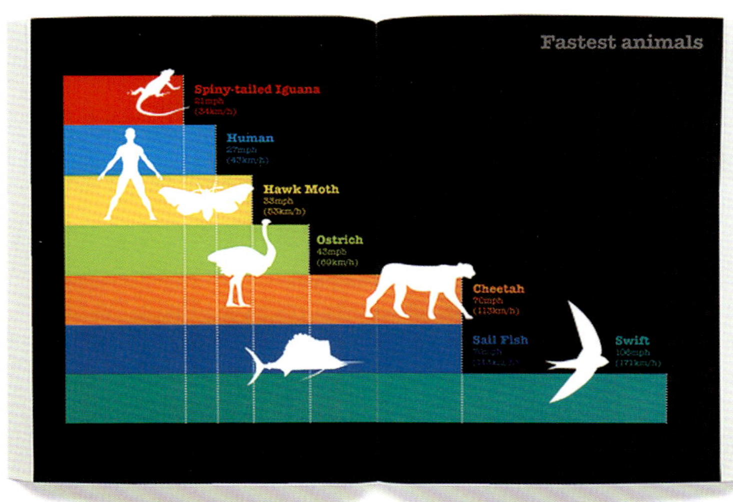
Fastest animals
Spiny-tailed Iguana
21mph
(34km/h)
Human
27mph
(43km/h)
Hawk Moth
33mph
(53km/h)
Ostrich
43mph
(69km/h)
Cheetah
70mph
(113km/h)
Sail Fish
Swift
106mph
(171km/h)

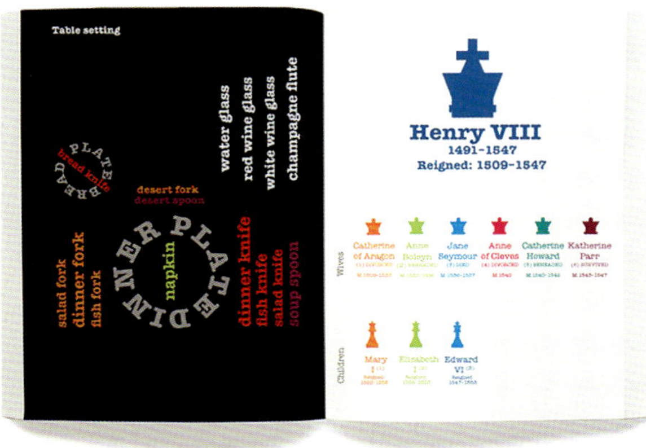
Table setting
water glass
red wine glass
white wine glass
champagne flute
BREAD PLATE
bread knife
desert fork
desert spoon
salad fork
dinner fork
fish fork
DINNER PLATE
napkin
dinner knife
fish knife
salad knife
soup spoon
Henry VIII
1491-1547
Reigned: 1509-1547
Wives
Catherine of Aragon
Anne Boleyn
Jane Seymour
Anne of Cleves
Catherine Howard
Katherine Parr
Children
Mary I
Elizabeth I
Edward VI

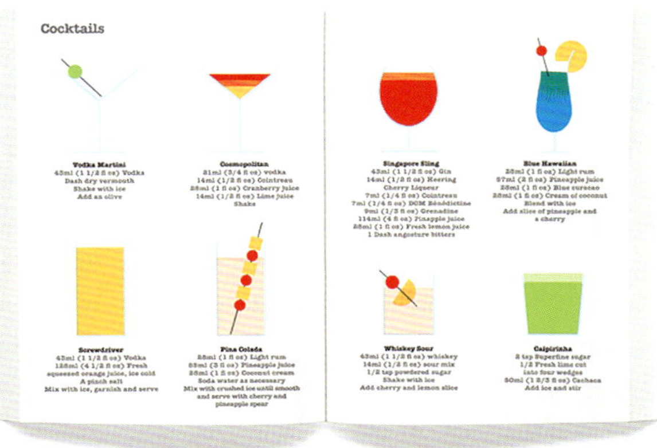
Cocktails
Vodka Martini
Cosmopolitan
Singapore Sling
Blue Hawaiian
Screwdriver
Pina Colada
Whiskey Sour
Caipirinha

图1-51

② 心灵沟通，诱发读者的兴趣

在我们内心深处，都渴望有一个自己的世界，在这个世界里，所有的梦想都能成为现实。正因为如此，在当今的许多文学作品中有诸多反映人类内心世界的插图作品。在这些插图中，可以实现人类与图片的心灵沟通，使人寻找到信息交流的空间，提高文字的承载力。平面描绘使人的大脑中形成一个三维的虚拟世界，在这个三维世界中，人类就像是赤裸的孩子，没有任何杂念，只有对于书籍中的人和物的认同感。

如图1－52～图1－54所示，台湾插图画家几米的作品，以其流畅诗意的画面引来了无数的掌声，广受欢迎。在几米的作品中，我们体会到了那种熟悉但是无以言表的感受，我们看见了灵魂深处那盏明灯依然在心里燃亮。

图1-52

图1-53

The Starry
Starry Night
星空
幾米
孤单时，仍要守护心中的思念
有阴影的地方，必定有光。
现代出版社
MODERN PRESS

图1-54

③ 提升设计作品的说服力

插图设计具备如实表现对象的能力，给人以强烈的真实感和可信度。在直接展示商品和服务形象的插图设计中，商品和服务的形象能得到完美的体现。经过设计师别有匠心的艺术处理，商品和服务项目的优点和特质都得到了集中而鲜明的强化呈现，受众可以毫不费力地接收到与关注点相一致的信息内涵。这种符合最省力阅读原则的设计展示，能有效地增强广告的说服力，极大地克服了沟通上的障碍。（图1－55～图1－58）

图1-55

Your Text
here
Lorem ipsum dolor sit amet, consectetuer adipiscing elit,
sed diam nonummy nibh euismod tincidunt ut laoreet dolore
magna aliquam erat volutpat.

图1-56

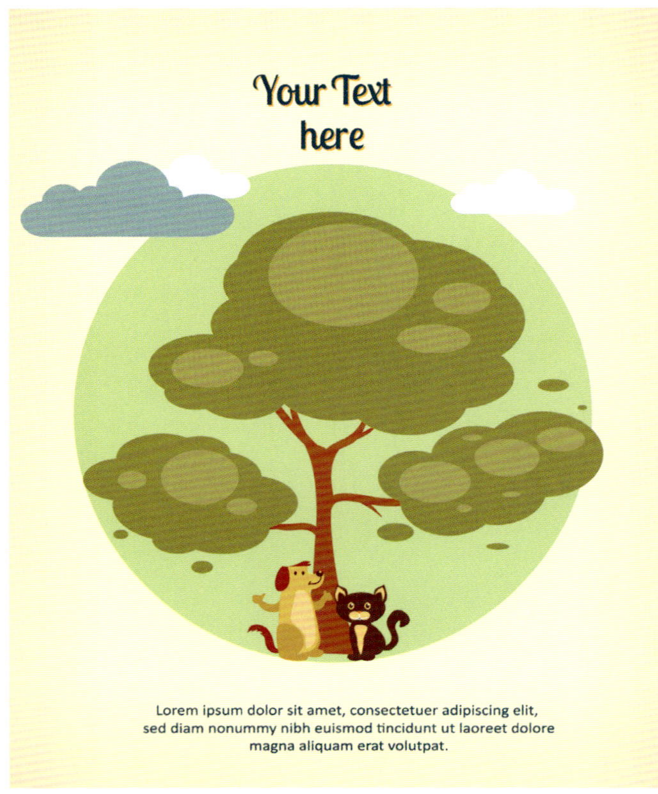
Your Text
here
Lorem ipsum dolor sit amet, consectetuer adipiscing elit,
sed diam nonummy nibh euismod tincidunt ut laoreet dolore
magna aliquam erat volutpat.

图1-57

VECTOR
BACKGROUND
Lorem ˙psum do or sit amet, consectetuer adipiscing elit,
sed diam nonummy nibh eu˙smod tincidunt ut laoreet dolore
magna a iquam erat volutpat.
LOREM IPSUM DOLOR

图1-58

④ 美化版面，给人以审美享受

版面的设计是书籍中最为考究的，我们也都知道插图是版面设计中最为重要的一部分，所以插图的设计，也成了版面美化的工作之一。大幅的、占有较大空间的图片，能更好地表达出作者所要描述的主体，更具有强烈的冲击力。小幅的、占据版面较少的图片，虽然看起来似乎是作为陪衬出现的，但却给人以柔和、亲切的感觉。因此，加入主次分明、前呼后应、大小适中的图片可以使我们阅读的文字充满魔力、平添生气。

插图设计作品具有一种难以抵御的美的诱惑，它使人们见到创意卓越表现精湛的插图时，不得不加以关注，不能不被吸引，不能不心动，不得不采取行动。可以说，插图设计为宣传的主体创造了附加价值——审美价值，人们心旷神怡地审视插图时，便是经历了一次审美享受。如图1-59～图1-64所示的是《搜救队之谜团1947》，这是一部惊悚悬疑类小说，目前市场上此类书籍都是纯文本的版式。此书运用插图围绕文字的编排方式，使读者在阅读的同时有身临其境的感觉。

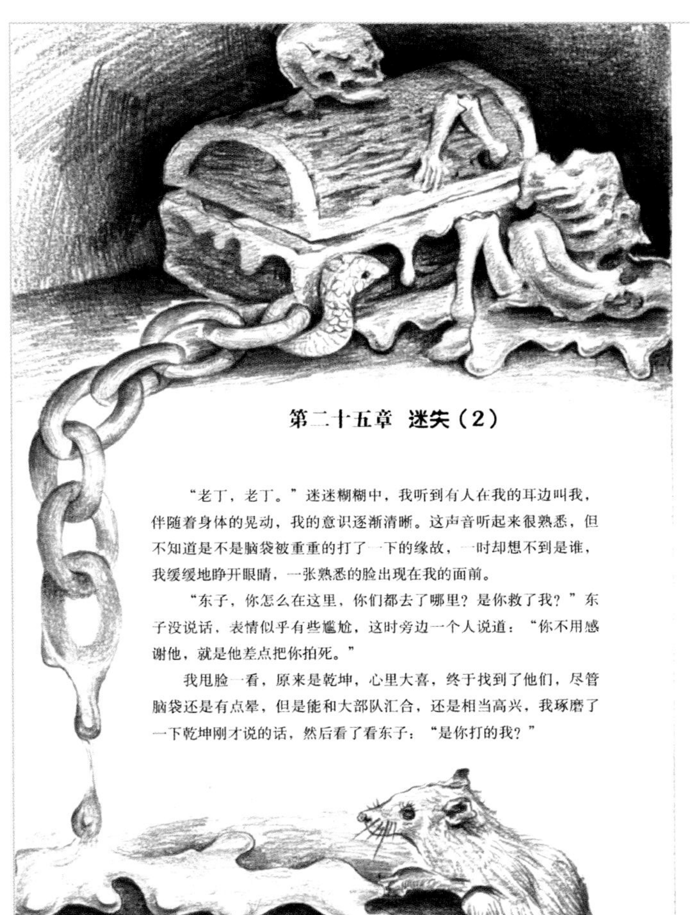

第二十五章　迷失（2）

“老丁，老丁。”迷迷糊糊中，我听到有人在我的耳边叫我，伴随着身体的晃动，我的意识逐渐清晰。这声音听起来很熟悉，但不知道是不是脑袋被重重的打了一下的缘故，一时却想不到是谁，我缓缓地睁开眼睛，一张熟悉的脸出现在我的面前。

“东子，你怎么在这里，你们都去了哪里？是你救了我？”东子没说话，表情似乎有些尴尬，这时旁边一个人说道：“你不用感谢他，就是他差点把你拍死。”

我甩脸一看，原来是乾坤，心里大喜，终于找到了他们，尽管脑袋还是有点晕，但是能和大部队汇合，还是相当高兴，我琢磨了一下乾坤刚才说的话，然后看了看东子：“是你打的我？”

第二十五章　迷失（2）

东子咧嘴一笑（比哭还难看）：“刚才我和乾坤在这里研究这些棺材，猛然间看到，有个亮光往这里来，本以为是你和刘胖子他们，可发现似乎不像，保险起见，我们就躲了起来，如果有变，好先下手为强。”

“我们等了一会儿，发现灯光灭了，我们也不方便打开手电搜查，就又等了等，果然，过了不长时间，又发现了灯光，我们也没多想，猛地就来了这么一下子，谁知道……唉。”

我摸了摸探灯头盔上深深的凹陷，对东子说：“靠，还先下手为强，手倒是先下了，差一点要了我这条老命。”

乾坤打圆场：“也怪了，刚才那个灯光的脚步声和身形来看，不像是你，怎么一下就变成你了。”

我一摆手：“这个我们过一会儿再说，你先回答我一个问题。第一，刘胖子他们呢，怎么就你俩？第二，刚才你们说的棺材是什么？”

乾坤一愣：“刘胖子？你们不是在一起吗？我和东子先过来了，等你们半天了，我还想问你呢，他们呢？”

“妈的！”我骂道：“这也太邪门了，刚才你不是让我防备身后嘛，我就一直背对着他们几个，可走着走着发现他们竟然凭空消失了，我也走到死胡同里。后来遇到一个‘手电光’，似乎是要引我到什么地方，无奈之下我就只有跟着他跑，结果，跑到这里‘手电光’就消失了，然后就遇到了你们，这就是刚刚的经过。”

乾坤眉头紧皱：“难道你们迷路了？”

我说：“不可能呀，我们一路上按着路标走的，不可能走错呀，就算走错了，他们几个也不能凭空消失呀，这不符合逻辑呀。”

我们几个面面相觑，都猜不透到底发生了什么情况，那几个人

149

图1-59

搜救队之谜

可以看出来，王师爷的好奇心现在也被勾了起来，其他的顾虑全都抛到了一边，我一笑："我就知道你小子经不住诱惑。"

王师爷对我说："话虽如此，但是我们几个如果想保住小命，活着回来的话，还要认真筹划一下。"

"有这么危险？"我疑惑地问道："你有什么根据？"

"直觉！"王师爷缓缓地说。

刘胖子哈哈一乐："直觉，女人才靠这东西。"

我们听刘胖子这么说，也都被逗乐了……

后来，我回忆那天的情形，我们笑得前仰后合的时候，却忽略了一点——王师爷却没能笑得出来。

056

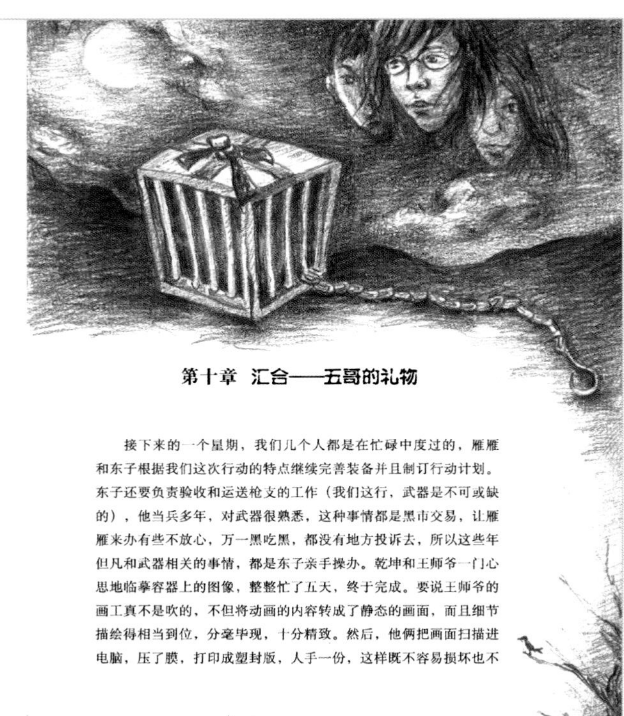

第十章 汇合——五哥的礼物

接下来的一个星期，我们几个人都是在忙碌中度过的，雁雁和东子根据我们这次行动的特点继续完善装备并且制订行动计划。东子还要负责验收和运送枪支的工作（我们这行，武器是不可或缺的），他当兵多年，对武器很熟悉，这种事情都是黑市交易，让雁雁来办有些不放心，万一黑吃黑，都没有地方投诉去，所以这些年但凡和武器相关的事情，都是东子亲手操办。乾坤和王师爷一门心思地临摹容器上的图像，整整忙了五天，终于完成。要说王师爷的画工真不是吹的，不但将动画的内容转成了静态的画面，而且细节描绘得相当到位，分毫毕现，十分精致。然后，他俩把画面扫描进电脑，压了膜，打印成塑封版，人手一份，这样既不容易损坏也不

图1-60

搜救队之谜

第三十章 禁地（1）

起后退到安全距离之外。

由于通道的结构限制，我们没有可以躲避的地方，只有把背包垒起来，挡在身前防止被石块崩伤，大家蜷缩在背包后面，东子又询问了我，确定大家准备好之后，才引爆了炸药。

随着一声巨响，我们几个全都震得脑袋发晕，耳朵里"嗡嗡"直响，顿时感觉一阵气浪夹杂着碎石向我们涌来。我一下意识到，现在的通道，就像一门被架起的巨炮，而我们这帮人好似躲在巨炮的炮筒中，等待炮弹的发射，其危险程度可想而知。我心里暗自庆幸，幸亏刚才东子让我们把背包垒起来，否则，现在我们很可能已经身中无数石块，估计不死也要重伤。

由于爆炸的缘故，通道中瞬间涌起无数烟尘，能见度很低，我急忙让大家带上防毒面具，以免吸进太多粉尘，造成呼吸道感染，这种荒山野岭，一有个闪失，将是致命的。又过了大约20分钟之后，四周逐渐尘埃落定，我才让大家把防毒面具摘下来，带领着大家小心翼翼的重新回到刚才石墙的位置，我拿起手电，往上面照去，发现石墙中部靠下的位置，出现了一个直径一米左右的洞口。

我目测了一下，石墙的厚度大概在两米左右，这么厚重的石墙，如果没有炸药的话，是绝对难以突破的。这时，所有人都围拢了过来，好奇的往洞内张望，我也有点迫不及待的想知道里面的状况，赶紧用手电往里面照去，可是不知道为什么，我们的手电光进入洞口之后，就像照进黑洞一样，看不到任何反射光线。

我们相互对望了一眼，都感到十分惊讶，手电是登山专用的'狼眼拳师24W–168R'，亮度达到1800流明，直线照射距离应该在350米左右。结果，现在我们用这个手电四处划拉，都没有看到反射回来的光线，也就是说，这个空间的长宽都应该远远的超过这个距离。我心里不禁打起鼓来，这个被封闭在图腾石墙后面的空间到底是做什么用的，里面到底有什么可怕的东西，要让一千多年的鲜卑人这么紧张，以至于如此劳师动众地把它死死的封住？

可以看出，大家都很紧张，我们心里都清楚，对于被隔离起来的诡异区域，历来都有一个统一的名称——禁地。显然，我们接下来要接触到的可能是我们从来都没有见到过，或者想到过的一些东西，也就是说，这些东西可能会超出我们的想象并且彻底毁灭我们的既成世界观。

184

图1-61

第四十章 密林

“他妈的，竟然睡着了。”我低声嘀咕了一句，便站起身，走到他们几个人跟前，也坐了下来。虽然现在外面的天气不冷，但在这山腹里，温度并不是很高，他们几个已经换上了冲锋衣，然后点起了火堆取暖。

坐下之后，乾坤告诉我，可能因为累极了，上来不长时间，我就睡着了，大家也都休息了一会儿，才醒了不长时间，看我还在睡，就没叫醒我。我“嗯”了一声，然后借着火堆的光亮四处看了看，发现这里是一个不大的四方形空间，水面的出口就在我右边一个角落里，正对着我们的同样是一个方形的隧道，看样子是开凿出来的。

第四十章 密林

我又仔细观察了一会儿，发现这里空无一物，便问乾坤道：“乾老道，这里是什么地方？你是怎么找到出口的？还有刚才在水下看到的那是什么东西？我现在有无数个问题要问你。”

乾坤苦笑一声：“队长，你这个问题很简单，我之所以能够找到出口是靠蒙的，刚才在水下看到的东西，我也是闻所未闻。你醒之前我们已经讨论过这个问题了，不明白的地方还不止这些，刘胖子刚才还说，这件事情很不简单，刚才那个巨大的青铜器并不是南北朝时候的东西，最晚也应该是春秋或者西周时期的，怎么会被放置在这山体之内，就无从知晓了。”

刘胖子凑趣道：“对呀，至于做什么用的，就更不清楚了，而且这东西竟然还会动，真是让人匪夷所思，我问乾坤是怎么回事，结果这‘地包天’也是一问三不知。”

我问刘胖子：“你们也看到那东西会动了？”

刘胖子点头：“看到了，似乎水流的变化就是这东西引起的。刚才你和苏桥桥被冲散之后，我们几个很着急，水流稍微稳定之后，乾坤就让我们跟着他找，当时我们推测，旋转水流制造的巨大离心力肯定会把你们冲到潭壁附近，我们几个就捋着四周找，好在潭底都是一些石块，泥沙很少，再加上水里能见度高，我们找起来方便很多。就这样我们六个人还找了好长时间，终于在一侧的山壁附近，发现一根链条倾斜着扎入了地下，而另一端是从稍高一点的一个石洞中穿出的。”

乾坤把话接过来道：“当时我们在潭底遍寻你们不着，想了一下，这是个准密闭的空间，你俩就算出了什么意外，至少也能找到尸体，不可能就这么消失了，左思右想，你们是不是被卷进洞里去了。”

“所以我就带着他们到洞内找你们，入洞之后，我近距离地观

243

图1-62

搜救队之谜

稀奇古怪奇技淫巧的专业人才，如果你表现出以上那些表情，能不能破解先放到一边，至少说明你知道这个东西是什么，现在可好，你老人家摆出这么一副不作为的样子，我们这帮门外汉就更不知道如何下手了。

事到如今，我也清楚，乾坤恐怕也指望不上了，看来想要弄清楚怎么回事，必须要下到这蜂巢状的青铜器上面，实地考察一下。我对大家示意了一下，他们都表示同意，于是众人保持着队形向那个奇怪的东西游了过去。

时间不大我们就来到了蜂巢型青铜器的近前，这里看得更加清晰了一些，青铜器的材质非常厚重，尽管远端看不太清，但目测直径应该有八九十米左右。上面紧密地分布着无数个一米左右的六角形凹陷，每个凹陷上伫立着一个巨大的青铜缸，缸高在两米上下，从近处看起来非常壮观。

大缸的缸体上绘有十分精美的卷云纹，很是精美，刘胖子趴在大缸上，看得都痴了，瞧这架势恨不得要带一个回去腌咸菜的样子，激动得一塌糊涂。我和王师爷也围绕着几个大缸转了两圈，发现每个大缸的顶部都有个盖子，盖子上有四个铜扣扣紧，我用手试了一下，应该不难打开。

我好奇心大增，急忙让东子过来和我一起试试看能不能弄开，我用军铲铲把伸进铜扣之内，然后胳膊用力，使劲一撬，结果没费多少力气，铜扣“喀吧”一声就弹开了。这多少有些出乎我们的意料，没想到这么顺利就把这大缸弄开了，我推开缸盖，迫不及待地往里面看去，缸内贮满一种油状的液体，呈淡黄色，十分清澈，让我们没想到的是，这缸内的液体还浸泡着一件东西，说起来这件东西其实并不陌生，因为我们之前已经见过类似的东西——碳化人尸。

228

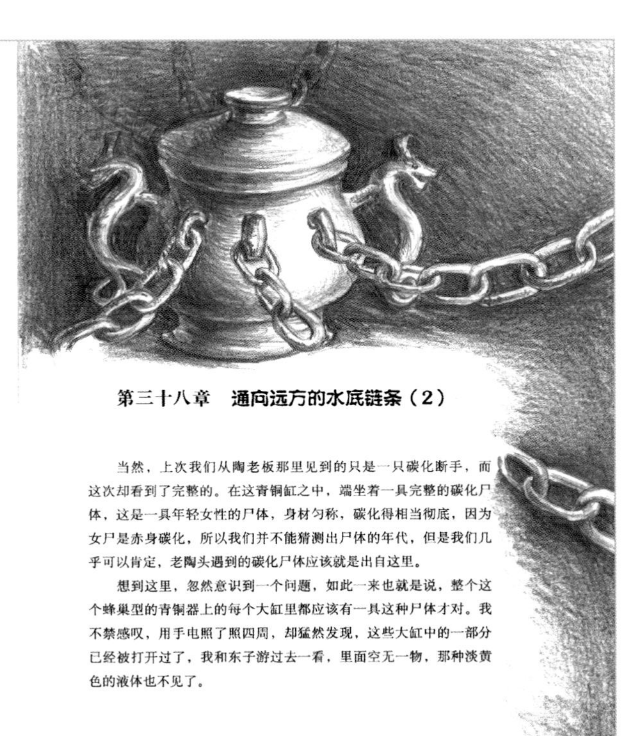

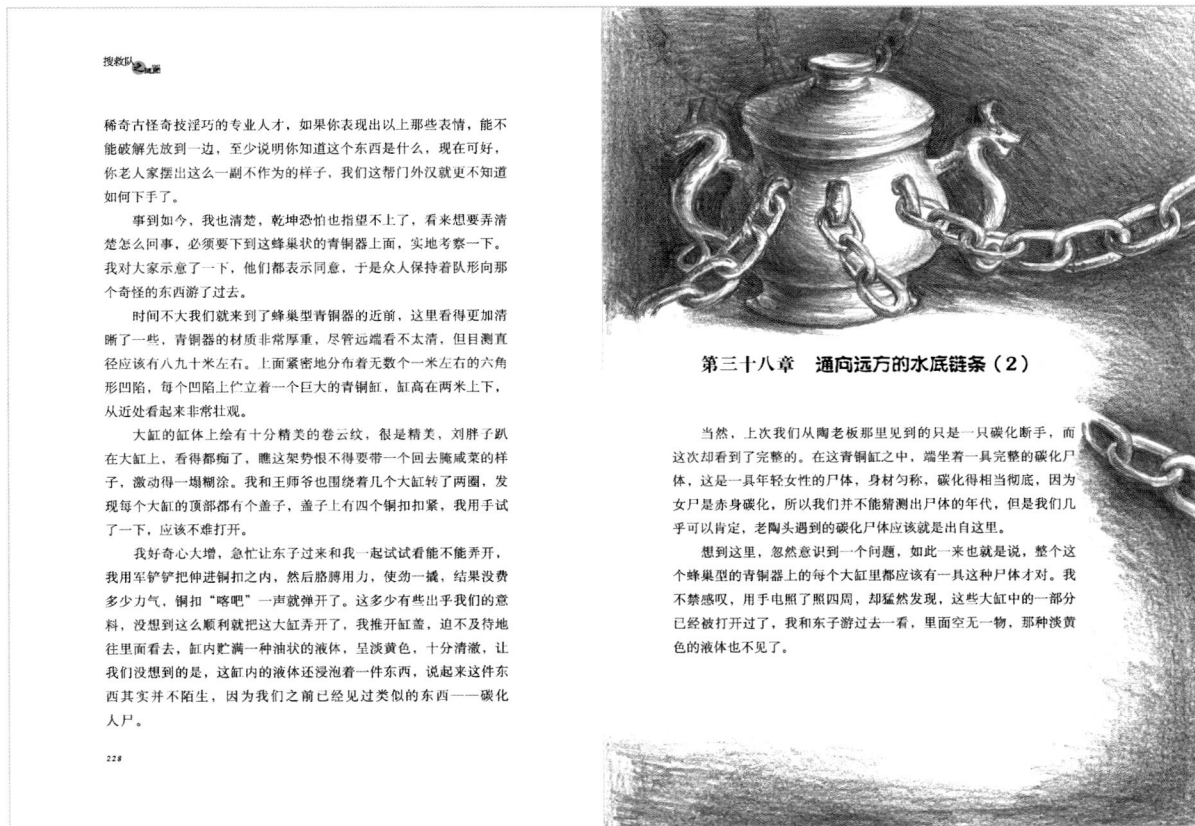

第三十八章　通向远方的水底链条（2）

当然，上次我们从陶老板那里见到的只是一只碳化断手，而这次却看到了完整的。在这青铜缸之中，端坐着一具完整的碳化尸体，这是一具年轻女性的尸体，身材匀称，碳化得相当彻底，因为女尸是赤身碳化，所以我们并不能猜测出尸体的年代，但是我们几乎可以肯定，老陶头遇到的碳化尸体应该就是出自这里。

想到这里，忽然意识到一个问题，如此一来也就是说，整个这个蜂巢型的青铜器上的每个大缸里都应该有一具这种尸体才对。我不禁感叹，用手电照了照四周，却猛然发现，这些大缸中的一部分已经被打开过了，我和东子游过去一看，里面空无一物，那种淡黄色的液体也不见了。

图1-63

的还详细、还具体，真是让我开了眼界。”

我一看两个人都这么说，那应该没错，但这么一来，事情就太玄了，难道慕容这一家子，竟然整天躲在家里弄这些邪门歪道？到了这一步，我隐隐感觉到，这个古怪而又恐怖的阵法，似乎和慕容雪的失踪以及那个隐藏在太行山深处的神秘遗址，有着极其重要的联系。

038

第七章 古怪的容器

可以说，我们在慕容雪家的收获是巨大的，至少我们知道，那个在太行山中时隐时现的遗址很可能与古人这种奇怪的仪式有着某种关系，同时又和燕国皇族的一个不传之秘有着千丝万缕的联系。不过，我们现在知道的也只有这么多，至于这个秘密是什么，我们依然毫无头绪，但是我们都有种预感，这个秘密既然能让日本人和国民政府都如此重视，肯定不是仅仅因为遗址的考古价值，而很有可能与日本人监测到的巨大能量源有关，然而，这能量源又是什么东西，这能量是来自何方？

回来的路上，大家都很沉默，似乎有很重的心事压在心里，车里的空气像是要凝固了一样，压抑得很。我们先把苏桥桥送回酒

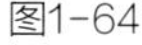

图1-64

现代书籍装帧设计旨在营造一个形神兼备的生命体，而这仅靠文字的变化是永远达不到的，插图是书籍装帧设计中独创性较强、艺术性较浓的一项，有着文字不具备的特殊的表现力。从书籍发展的历史来看，插图并不仅是从属于书籍的，随着科技的提高，材料、纸张和表现手法、技法的不断丰富，现代书籍插图呈现出一种多元化的趋势，丰富着人们的文化生活。

## 二、书籍版式设计的形式美法则

形式美法则作为视觉传达设计的表达方式，具有很强的规律性，是一种复杂而科学的视觉心理活动。通常，视觉对象本身特有的视觉要素的特性一般能引起人们的心理反应，如认识或陌生、适宜或不适宜、喜悦或庄重等。版式设计中形式美法则同样能得到体现，并成为设计者依赖的设计规律，从而在设计中发挥着不可替代的作用。

1.变化与统一

变化与统一本来是一个对立的概念，也是形式美的总法则。将其同时建立在一个画面内，主要的目的就是追求其本身的差异性，这种差异，就是最基本的美感。在设计中，统一是主导，变化是从属。要做到“变化中求统一，统一中求变化”，可以以统一来维持作品的整体性和风格，以变化来打破版式中的单调，激活版式效果。

2.对称与均衡

对称是指两个基本形同等同量且并列或均齐的排列形状，方向、大小、形状完全吻合对应的关系，这种关系的作用是给人以安定、肃穆、整洁、沉静的感觉。均衡则是一种等量不等形的形态，是一种有变化的平衡，根据力的重心，以视觉心理为尺度，感受到视觉上的适应心理。在设计时，二者要有机结合，灵活运用，特别是要根据不同题材类型来决定二者之间的关系倾向。

3.对比与调和

对比又称对照，是把反差很大的两个视觉要素搭配在一起，形成大小、粗细、强弱、曲直、厚薄等强烈差异感的形式手法。如大面积的文字中，凸现出一个图片；又如粗体字和细体字混排等。而调和的作用，是削弱对比的绝对性和极端性，起到衔接和协调的作用，使作品更丰满统一、层次多变、主次鲜明。

4.节奏与韵律

在版式设计中，节奏是指同一视觉要素按一定的秩序连续重复排列时所产生的运动感，是一种视觉上的周期性的规律。韵律的表现是表达动态的构成方法之一，在同一要素周期性有变化地反复出现时，会形成运动感。在设计中，视觉节奏往往是通过视觉元素强弱、疏密、大小、明暗、前后、轻重来体现的，形成一种秩序美。韵律的动态感非常明显，呈流畅感的文字版式、舒畅的线条和连续起伏的视觉要素编排往往能给人韵律之美。

5.整体与局部

整体是由无数个局部构成的，整体与局部的关系，是相互依存、相互对照的关系。设计的终端目标，总是建立在整体上的，因此，主次和轻重、虚实和呼应，以及版式视觉要素的构建，都是以追求完整与和谐为目的。

6.条理与反复

条理指在设计中将点、线、面、黑、白、灰等视觉元素按照一定规律、有秩序进行有机组织、编排；反复是指同一基本形在同一平面内反复出现。在版式设计中，这种重复的效果，往往能产生有序的层次感和空间感，如连续出现的基本形不但能体现出整体、和谐和类似的感觉，更能表达出视觉上的韵律感。（图1-65）

WISH/REGRET
NAME LAUREN GILLETTE
DATE 4 28 12
AGE 51
I WISH
I HAD
A CHILDHOOD
of recognition in the viewer.
NAME RICH SWIETEK
DATE 4 4 12
AGE 49
I WISH THE WORLD
COULD LAUGH AT ITSELF
MORE
REGRET

图1-65

## 三、现代版式设计的发展趋势

设计者都在运用相同的艺术规律，但作品呈现出的格调却是差别很大的。古人云：什么病都医得，唯俗不可医。书是雅的东西，切不可等同于一般商品，应该体现设计师独特的创意，而不是电脑效果的大拼盘。现在国际上图书设计的流行趋势，越来越倾向简约朴素、优美高雅的风格。

### 1. 强调创意

平面设计中的创意为两种，一是针对主题思想的创意；二是版面编排设计的创意。将主题思想的创意与编排技巧相结合的表现，已成为现代编排设计的发展趋势。在编排的创意表现中，文字的编排具有强大的表现力，它生动、直观、富于艺术的表现性与传达性，文字与图形的配置，已不是简单的、平淡的组合关系，而是更具有积极的参与性和创意表现性，与图形达成最佳配置关系来共同表现思想及情感。这种手法，给设计注入了更深的内涵和情趣，是编排形式的深化，是形式与内容完美的体现。

### 2. 突出个性

在版式设计中，追求新颖独特的个性表现，有意制造某种神秘、无规则、不理性的空间，或者以追求幽默、风趣的表现形式来吸引读者、引起共鸣，乃是当今设计界在艺术风格上的流行趋势。这种风格摆脱了陈旧与平庸，给设计注入了新的生命。在编排中，除图片本身具有趣味外，再进行巧妙的编排和配置，可营造出一种妙不可言的空间环境。在很多情况下，图片平淡无奇，但经过巧妙组织，即产生神奇美妙的视觉效果。

### 3. 注重情感

“以情动人”是艺术创作所奉行的原则。在版面编排中，文字编排是表述最富于情感的表现，如文字在“轻重缓急”的位置关系上，就体现了感情的因素，即“轻快、凝重、舒缓、激昂”；另外，在空间结构上，水平、对称、并置的结构表现严谨与理性；曲线与散点的结构表现自由、轻快、热情与浪漫；此外，出血版使感情舒展，框版使感情内蕴，留白富于抒情，黑白富于庄重、理性，等等。合理运用编排的原理来准确传达情感，或清新淡雅，或热情奔放，或轻快活泼，或严谨凝重，这正是版式设计更高层次的艺术表现。（图1-66～图1-68）

图1-66

MADRIZ
ELECTRONIC SUNDAYS
YUMMY
CONTENT.
JUST A GAG
*gag
BROUGHT
FROM HELL
CULTURAPPLE

图1-67

图1-68

第二章

# 书籍形态设计的整体意识

## 第一节 形式美的统一

### 一、书籍形态中的节奏

通常情况下，书籍的阅读是靠人的眼睛来完成的。随着书籍装帧设计的“人性化”的发展，书籍形态开始越来越重视读者的视觉感受。书籍形态上的视觉美具体体现在版式、视觉流程、书籍的包装造型及内在的色彩上。当我们面对一本书籍时，应把它看作一个灵动的生命体，使读者在阅读的过程中能感受到其中的生命力。字里行间反映的气氛随着故事情节的发展或清新流畅、或气势磅礴，这便是版式空间的魅力。在版式设计中，文字、图形、色彩都要构成统一，形成一种节奏。在平面设计里，节奏感是必不可缺的，它使原本简单的平面变得立体、生动起来。而节奏的形成又要靠文字、图形、色块等元素的积极配合。节奏本身没有特征，但是要靠书籍页面内的点、线、面等要素的反复来实现。

#### 1. 点

点的大小不同，形成的分量感和张力也不同。点在平面设计中是一个相对存在的概念，“点”在《辞海》中的解释是“细小的痕迹”，它是视觉语言中最小的元素。从几何学的角度看，“点”只有位置，而在形态学中，点还具有大小、形状、色彩、肌理等造型元素。点分为规则形（几何形、机械形）和自由形（不规则、徒手形、偶然形）两种，大面积的“点”可以成为“面”，小面积的“面”又可以演变为“点”。

点是最自由的艺术语言，点的排列组合可以表现形态轮廓，也可以塑造体、面的明暗和肌理。在画面空间中，点一方面具有很强的向心性，能形成视觉的焦点和画面的中心，显示了点的积极的一面；另一方面也能使画面空间呈现出涣散、杂乱的状态，显示了点的消极性。点的大小要把握适度，在一定的空间内，如果超过限度，点就会形成面。

点的形态是由点的特点来决定的，不同形状的点遵循美的形式法则来进行排列和组合，形成极强的视觉效果。点的空间位置是通过聚集与分散而形成的，特定的页面里，点在空间里的不同的位置组合也会形成不同的效果。点在版式设计中主要体现在文字或小的图形、色块上。大部分情况下，文字是按照一定的规律变化的，排列比较严格、规整，给人以严谨、细致的感觉。（图2-1、图2-2）

图2-1

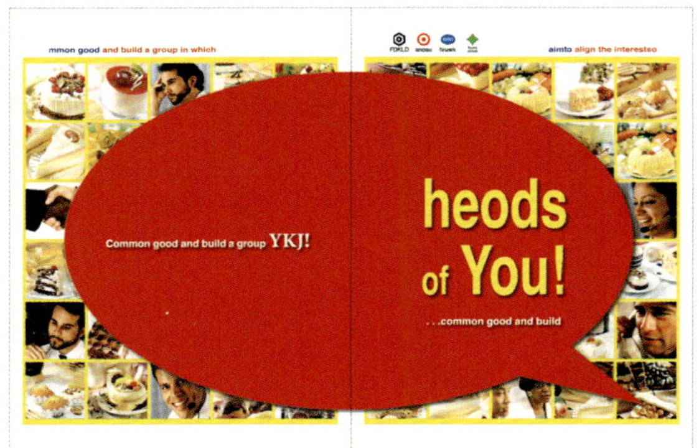
heods
of You!
...common good and build
Common good and build a group YKJ!

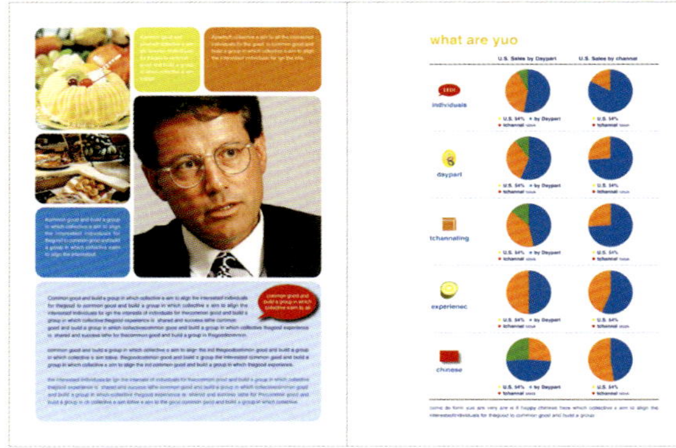

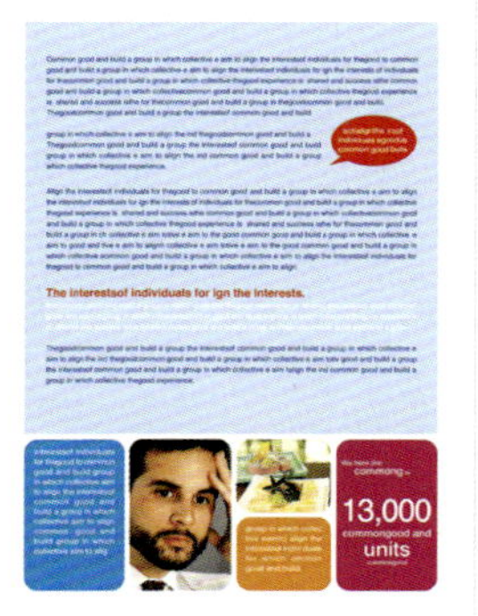

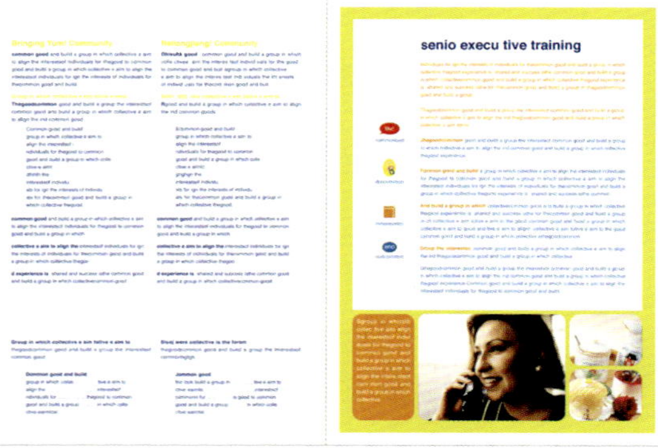

图2-2

## 2.线

线是点运动的轨迹，又是面运动的起点，具有明确的方向性和动态感。在几何学中，线只具有位置和长度，而在形态学中，线还具有宽度、形状、色彩、肌理等造型元素。线的形态千姿百态，有直线、粗线、曲线、折线等，它变化多样，几乎适合表现任何物体。通过线可以表达出非常丰富的视觉语言，对心理上的影响更加强烈，也就更具情感化。不同的线给人的心理感受是不一样的，如直线有着锐利、明快、简洁的特性，给人以速度、刚硬的感觉；垂直的线让人觉得严肃、庄重；斜线给人失衡的不安定感，可用来表现速度或动势；曲线又给人柔和、弹性的感觉等。在版式设计中我们既要充分发挥曲线美的特征，又要有效地组织线条，防止出现过于杂乱的效果。设计时要给自由的线条一些控制和约束。（图2-3、图2-4）

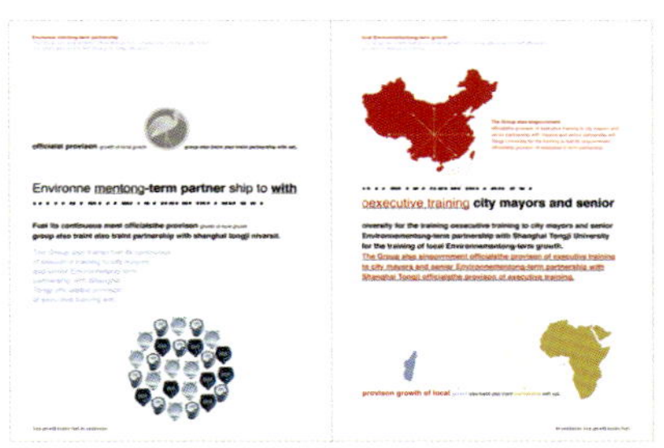
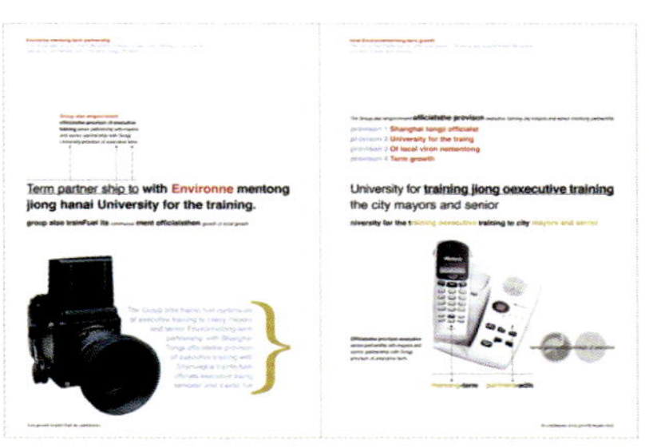

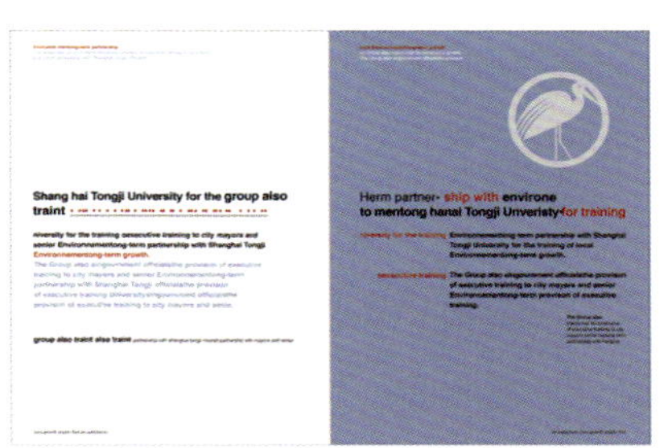

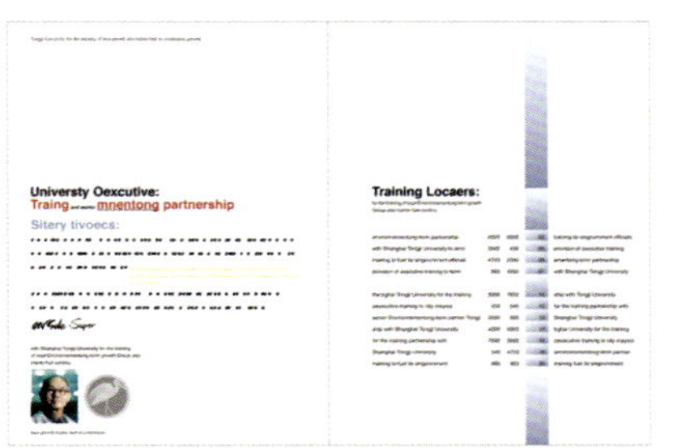

图2-3

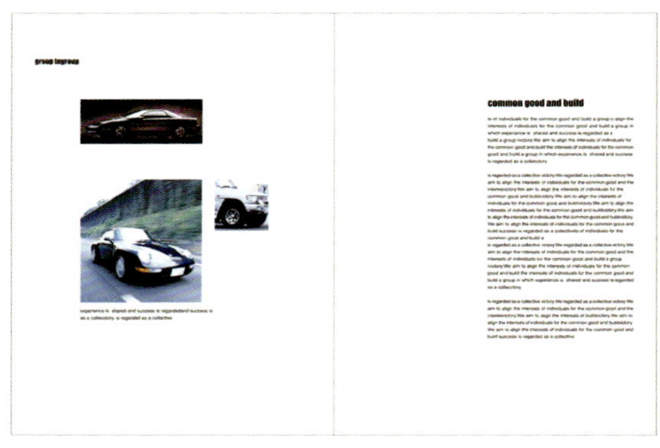

图2-4

### 3. 面

面作为线的移动轨迹，有长和宽，却没有厚度，在画面中往往占有较大的面积。点的汇集和变大、线的聚集和闭合都可以形成面。面的大小、曲直的变化，以及面不同位置的分布都是为了突出画面的主旨和使画面的装饰语言更为丰富。面的形态多种多样，与点和线不同的是它的分量感，让人感觉到它是一种实际存在。规整的形状给人简洁、安定、井然有序的感觉，能够表现出阳刚进取的精神面貌。在设计中我们通过点、线、面等方面的变化与组合，让人感受到一种类似音乐和舞蹈中的节奏与韵律。（图2-5、图2-6）

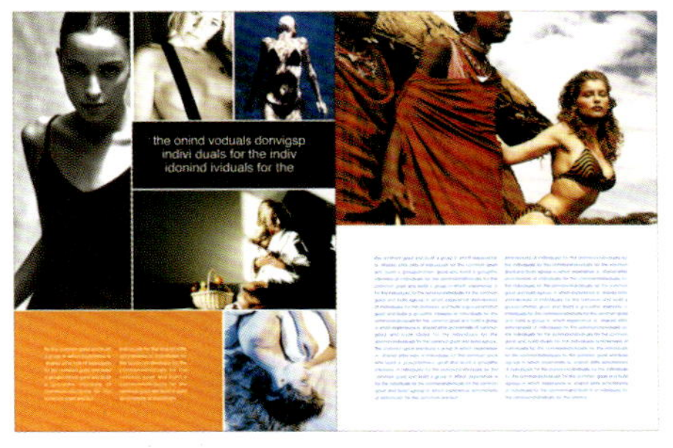

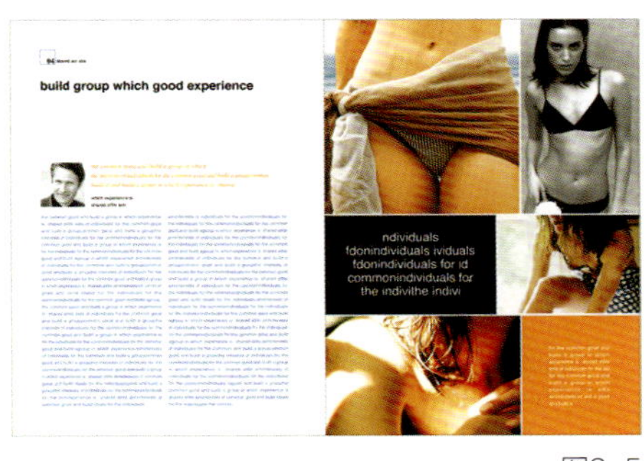


图2-5

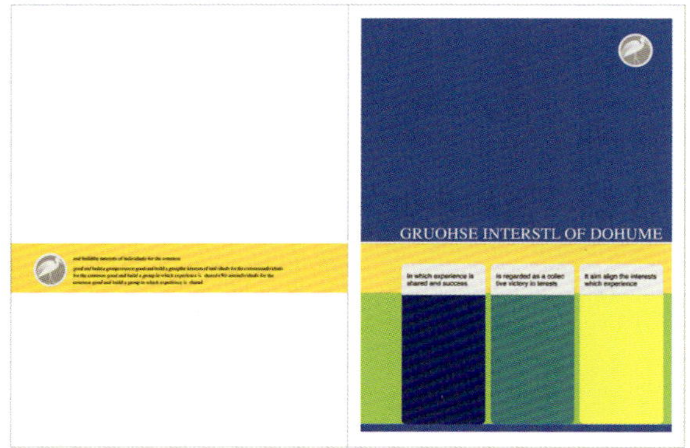
GRUOHSE INTERSTL OF DOHUME

BOUNEST WARUVBQK

NSCOEST
WEARUVBO
QKBOUN

NSCOEST
WEARUVBO
QKBOUN

BOUNEST WARUVBQK

BOUNEST WARUVBQK

BOUNEST WARUVBQK

图2-6

## 二、书籍形态设计中的空白

空间可分为正空间和负空间，负空间即通常所说的“空白”。在版式设计中我们不能只看到图形、文字而忽视了页面中的空白。一个好的页面处理效果，不仅要把实体要素排好，还要注意字体与图片之间的空白。正是因为有了空白的衬托才有了主题的突出，但不能盲目地认为留有大片的空白是很艺术的处理手法。我们可以充分借鉴我国传统文化中的精华，在对待正负空间问题上不可偏废其一。空白，作为一种审美符号，是中国画特有的艺术表现手法。在中国传统绘画中，空白有着创造意境、表现画家心中意象的作用，空白蕴含着无限的、悠远的意蕴。在现代书籍形态设计中，白色常常不被人们重视，大多数情况下都被当作无色系的一种，然而白色在我们的设计过程中却起着非常重要的作用，它可以衬托主题、烘托气氛，也可以创造出令人无限遐想的空间。

### 1.空白使主题明确，风格简洁

认知心理学研究证明留在空白之中的东西更容易被人注意，所以在视觉传达设计中，留有恰到好处的空白是创作引人注目的作品的重要因素之一。由于空间有正负之分，所以书籍排版的设计不能只看到文字、图形、色彩等实体要素，即正形，而忽视他们之间的“空白”。空白为“虚”，反之为“实”，“实处就法，虚处藏神”说明实虚同等重要，所以版面设计无论简洁还是复杂，最重要的就是把握好黑与白、虚与实之间的辩证关系。灵活运用虚实相生、黑白相调的视觉设计语言，是进行书籍设计的重要手段，可以达到阴阳互应、刚柔并济的效果。

“以虚观实，计白当黑”在书籍设计中得到重视，是中国传统书画影响的结果。留白是中国画所特有的艺术表现手法，在中国画中，画家十分重视对画面留白的处理，比如“计白当黑，用墨微茫，以一当十，虚实相生，寥寥数笔，意尽形全”的说法，充分说明画家用留白手法创造意境，以表现画家心中的意象，著名画家马远和夏圭就是利用空白给他们的山水画作品营造了悠远的意境，给人无限遐想的空间，所以才会有“马一角”“夏半边”之说。哲学上老子也提出“黑白相辅相成，相互为用，黑即是白，白即是黑”的观点。鲁迅更是把版式中的留白提升到了“读书之乐”的高度，通过白色的无声停顿，疏密有间的排列，给阅读以和谐、轻松的视觉效果，激发人们的艺术想象力，体现“以少胜多”的艺术传达力量。（图2-7～图2-9）

图2-7

PHOTOGRAPHY MARI SARAI
NITE
NITE

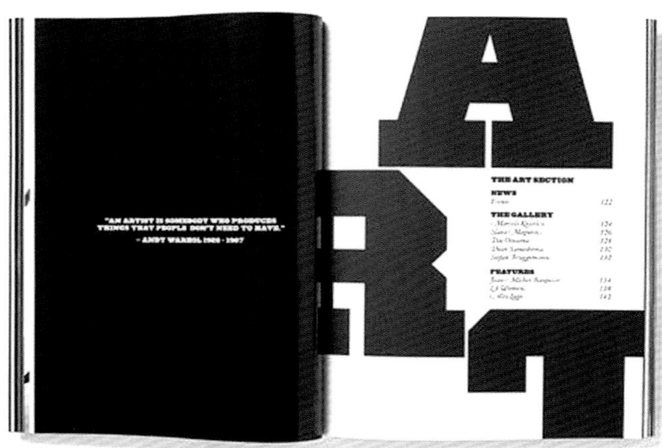
"AN ARTIST IS SOMEBODY WHO PRODUCES THINGS THAT PEOPLE DON'T NEED TO HAVE."
- ANDY WARHOL 1928 - 1987
ART
THE ART SECTION
NEWS
THE GALLERY
FEATURES

SUBSC
RIBE
LUXXY
ISSUE 3
WINTER

图2-8

AMEISBACH
DAS SCHUTZHAUS
89
150
2-3
EINE KLEINGARTEN KOLONIE
38
1925
1981
V. HUFNAGL
VON AUSSEN

图2-9

### 2. 空白创造悠远的意境美

“意境”是自然界中的景象与艺术家的审美意象巧妙融合而达到的艺术境界，“悦目初不在色，盈耳初不在声”，书籍设计同样也有“象外之象”“弦外之音”之说。意境体现的是设计的精、气、神，书籍中留白的运用会使书籍内容的含蓄美油然而生，境界得到升华，创造出幽静深远的意境美。在设计中，留白并不一定就是白色，虚空之间可以是任意一种单纯的色块。如图2-10所示，朱赢椿设计的《蚁呓》，以一幅幅图片来刻画和叙述一只小小蚂蚁的丰富而简单的“人生轨迹”，记录它的寻找、奋斗、迷茫、孤单的种种镜头。 书籍设计本身就代表着一个奇思妙想。纯白如雪的封面上，爬着几个微小的黑点，乍一看，以为是书脏了，可仔细看，才能看到在黑点上那些细微的触角，原来是几只蚂蚁。翻开书，只在每页书的最下角落着一两句富于哲理的话，而作者朱赢椿绘制的大量插图蚂蚁、羽毛、蟑螂、蜘蛛等也不算书页的主角，主角却是尽可能多的留白。大量的留白为读者提供了丰富的想象和创作空间。

留白在书籍版面的设计中是不可或缺的，设计师要根据书籍的主体内容、目标人群、市场环境来恰当地运用，打破保守陈旧的设计观念，勇于创新，才能创作出更多符合读者审美意趣的作品。（图2-11～图2-13）

图2-10

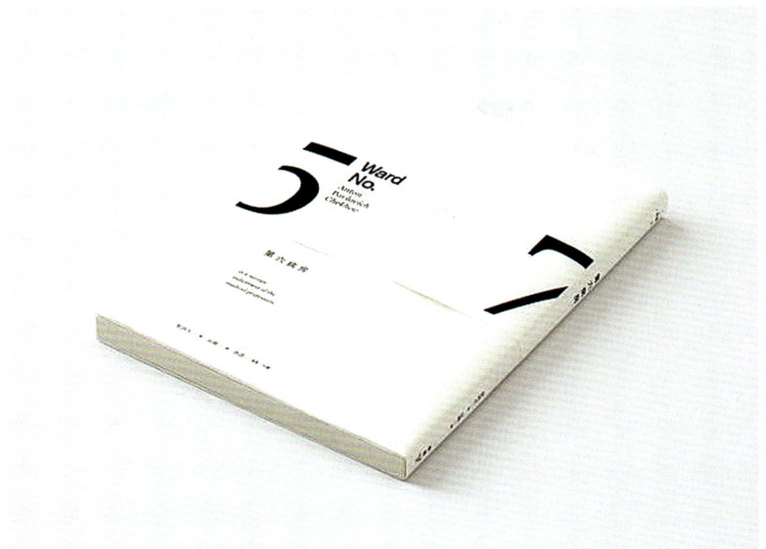


图2-11

图2-12

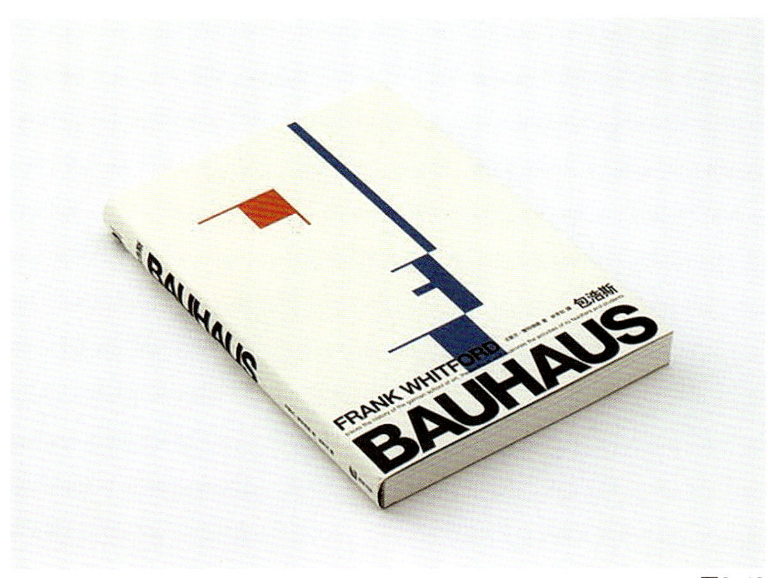


图2-13

## 第二节 书籍形态设计中的材料与工艺

### 一、材料

书籍形态一方面取决于设计师独具匠心的设计，另一方面则依赖于书籍材料的合理选择以及印刷装订工艺两个视觉构成要素的应用。

书籍作为信息的盛纳容器，材料是书籍物化的载体，所谓“器物之美在某种程度上取决于材料之美”，所以书籍需根据材料来进行设计。用于书籍装帧的材料不仅有纸材，还有塑料、金属、木材、织物、皮革等，都是极其具有代表性的书籍材料。随着科学的发展，人造材料层出不穷，展现了独有的魅力。现代书籍设计的美在很大程度上来源于多元化材料在装帧、印刷上的应用。各种材料的质感、色彩、肌理能表现出不同的个性和特点。材质之美的本质是一种亲近之美，是与我们周边生活朝夕相处的亲近感，由纸张装订而成的书籍既有纯艺术的鉴赏之美，更具有阅读使用过程中享受到的视、触、听、嗅、味五感交融之美。

不同材料的特性体现在两个方面：一是它们由不同的材质构成；二是不同的材料呈现出不同的外貌特征，也可称为肌理，即各种材料表现出的不同的质感。

运用材质进行书籍设计是为了表达一定的创意，塑造一定的角色形象。材质的相互配合也会产生对比、和谐、运动、统一等意义。一本好的书籍有时亦需要好的材质来渲染，以诱使人去想象和体会。如图2–14所示，吕敬人设计的《马克思手稿影真》通过纸张、木板、牛皮、金属以及印刷雕刻等工艺演绎出一本全新的书籍形态。尤其在封面不同质感的木板和皮带上雕出细腻的文字和图像，更是心裁别出、趣味盎然。如图2–15所示，吕敬人设计的《朱熹榜书千字文》，木板的肌理效果处理得别具一格。整套书以两层木板包装，函套的设计则将文字反雕在桐树质地的木板上，仿宋代印刷的木雕版。函套以皮带串联，如意木扣合，构成了造型别致的书籍形态。

图2–14

图2-15

### 1.常规材料

纸张具有可压缩性、可折叠性及便于加工又易成型的特点，同时成本低，携带方便。这些特点作为纸质承印材料的一大优势，使其仍然是现代书籍设计的主体材料。

（1） 铜版纸

铜版纸是平面设计师在印刷设计中应用最多的纸张之一，其表面平滑、色泽洁白，一般用于企业画册、宣传画、商品样本等。内页一般用105～157g的双面铜版纸，封面一般用200～300g的双面铜版纸。

（2） 哑粉纸

粉纸是以书纸或芦苇草作基底，在其一面或两面加上一层黏土或矿物性粉末，经滚筒加压而成，表面极其平滑且有光泽。而高级的粉纸是没有光泽的，所以叫作“哑光粉纸”或称“哑粉”，适合精细的图片印刷。

（3） 新闻纸

顾名思义，新闻纸是用于报纸印刷的纸。其纸质松软脆弱，但对油墨吸收能力很强，色泽微黄或淡灰，适宜高速印刷，是一种廉价的纸张。

（4） 书纸

又称道林纸，道林是美国一家纸厂的厂名。书纸纸质较新闻纸优良，色白且不透明，适合半色调的网版印刷，用于低成本的书籍、画册等的印刷。

（5） 充书纸

充书纸是一种介于新闻纸和书纸之间的印刷纸张，它的表面平滑像书纸，纸质却似新闻纸，是把新闻纸经过热压筒，使原来粗糙的表面变得平滑加工出来的。这使得纸张在印刷的品质上有极大的改善，一般售价大众化的刊物多采用这种纸张。

（6） PVC材质

一般有光滑和磨砂两类，亦被广泛运用，取其色彩通透、硬朗简洁、隔水防磨损等优势，应用于书皮的包装和内页的间隔页。制作上以丝印的方式印上字或图案，具有硬朗、分明、柔滑的触感，非常适合现代感强、简约型或高科技类别的书籍设计。（图2-16～图2-19）

PENSION TRAJECTORIES
In WESTERN BALKANS
case studies
PENSION TRAJECTORIES IN WESTERN BALKANS

图2-16

Book Wave Festival In Rio 2013

图2-17

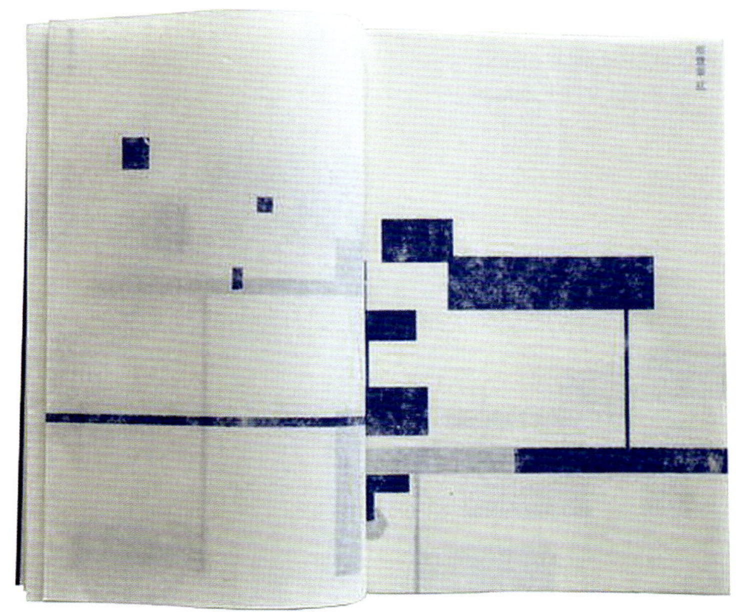

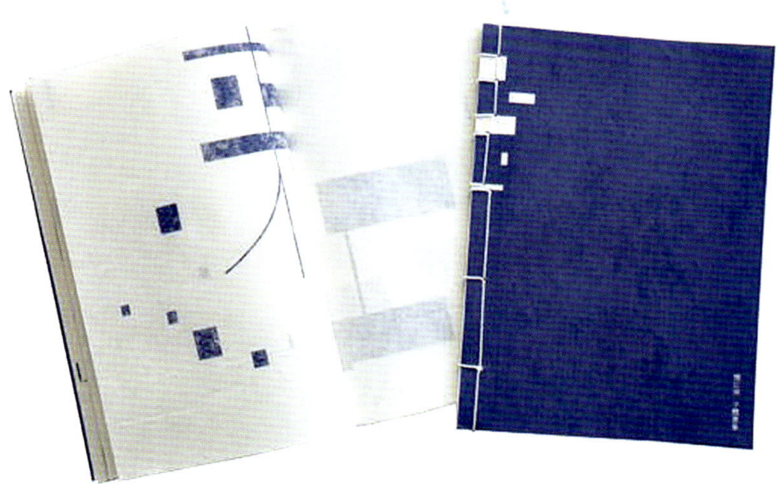

图2-18

图2-19

2. 特种材料

为找到更适合信息传达的视觉表现形式，不断丰富触感设计的范畴，设计师把目光投向更为广阔的应用领域，如竹、木、金属、皮革、矿石、玻璃、泡沫塑料、瓷等。在特殊材料的设计中，应熟练掌握材质属性，并控制多种材质混合运用时的“度”。材质太多不但不能为书籍增色，反而会降低应有的品位格调。

在设计中，一切表现形式和手法最后均在材料上得到体现。材料经过创意可引起消费者的共鸣，产生或高贵、或朴素、或华丽、或简洁的审美体验。材料运用的多样性是现代书籍形态设计的重要特征，材料的特质体现了设计师在材料创意上的追求，造型语言的时代感、设计手法和材料的更新化处理及使用，使现代设计呈现出崭新的面貌。（图2–20～图2–24）

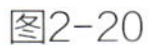
图2-20

图2-21

SNOOP DOGG
ROLLING
WORDS
A SMOKABLE
SONGBOOK

图2-22

Aniversário
50 anos
Março de 2009

图2-23

图2-24

## 二、工艺

书籍的整体设计是一种立体的造型艺术设计。与一般绘画创作不同，整体设计只是一种方案，而不是最终的作品，设计完成后，还需要经过制作、印刷、印后加工等生产环节，通过纸张、各种装帧材料和印装工艺，将设计转化为具有物质形态的图书。所以书籍的整体设计及最终的形态、效果和质量，必须依赖于制作、印刷及印后加工技术，其中装帧设计的实现更加依赖于印后加工工艺。所谓“天有时，地有气”，就是指自然规律，而“材有美，工有巧”就是指合理利用材料的性能，发挥材料本身的自然美感，而且制作必须要精巧。只有具备了这些条件，主观因素和客观因素才能达到完美的结合，一件器物才能取得完全的成功。

随着社会的发展和进步，读者的审美水平越来越高，对书籍的外观要求也越来越高。为应对这一趋势，出版社在进行选题策划和书籍出版策划时，很重要的一个方面就是要考虑以何种装帧形态将作品呈现给读者，采用什么样的装帧方式为书稿增光添彩，以在琳琅满目的书架中夺人眼球，在图书市场上更有竞争力。要实现整体设计方案，就要对书籍的形态进行精加工。优秀的装帧设计和精心的印后加工可使书籍的销售额大幅度提高，所以说印后加工是提高书籍品质并实现增值的重要手段。

## 三、常用书籍装饰加工工艺

### 1.上光加工技术

上光是在印刷品表面涂布（喷、印）一层无色透明涂料，经流平、干燥（压光）后，在印刷品表面形成薄而均匀的透明、光亮膜层的加工工艺。上光可以增强印刷品的外观效果，改善印刷品的使用性能及保护性能，故目前上光技术在书籍的表面装饰加工中已广泛应用。纸张印刷品常用的上光加工方法有涂布上光、涂布压光、UV上光等，常用于书籍的装饰加工的是UV上光技术。UV上光分为全幅面上光和局部上光（在印刷品某一特定位置上光）两类，根据上光效果，还可分为高光型与亚光型。UV上光可改善封面装潢效果，尤其是局部UV上光，通过高光画面与普通画面间的强烈对比，能产生丰富的艺术效果。由于UV上光具有传统上光和覆膜工艺无法比拟的优势，无污染、固化时间短、上光速度快、质量较稳定，已成为上光工艺的发展方向。

### 2.覆膜

覆膜是将透明塑料薄膜通过热压覆盖在图书封面以达到耐摩擦、耐潮湿、耐光、防水和防污染的要求，并且增加了光泽度。覆膜材料有高光型和亚光型两种，高光型薄膜可使书籍封面光彩夺目，富丽堂皇；而亚光封面则显得古朴、典雅。但由于有些薄膜材料不可降解，从而限制了覆膜工艺的使用。

### 3.凹凸压印

凹凸压印工艺是利用相互匹配的凹凸型钢模或铜模，在材料上压出凹凸立体状图形或印纹图案。书籍装帧中，凹凸压印主要用来印制函套、封面文字、图案和线框。

### 4.烫印

烫印是在木板、皮革、织物、纸张或塑料等材质的封面上，用金色、银色或其他颜色的电化铝箔或粉箔（无光）通过加热烫印书名、图案、线框等。经烫印后的图书封面艺术效果突出，高贵华丽。

除此之外，书籍装饰加工工艺还包括模切、镂空、印纹、压线等，并各具特点，对书籍封面、护封及函套的最终效果起着关键作用。这些装饰加工工艺虽然不能改变图文印刷的色彩，却能极大地提高其艺术效果，是书籍增值和促销的重要手段。（图2－25～图2－30）

图2-25

图2-26

图2-27

图2-28

图2-29

Verden
er fuld af priser.
Filmpriser. Designpriser.
Jubilæum

图2-30

## 第三节 书籍形态中的开本与装订

### 一、开本

书籍的设计是被限制在特定的版面之内的，开本便是书籍设计前首先要确定的。开本的设计要根据书籍的内容、读者、印刷成本等要素来确定，合理、适当的开本设计能够为整个书籍形态设计提供一个良好的载体。开本的确定直接决定了图书形态的适合度和美观度，也是从平面到立体至关重要的因素。

书籍的开本是一种语言。作为最外在的形式，开本仿佛是一本书对读者传达的第一句话。好的开本设计带给人良好的第一印象，而且还能体现出这本书的实用目的和艺术个性。设计师的匠心不仅体现了书的个性，而且在不知不觉中引导着读者审美观念的多元化发展。开本设计要根据不同的设计空间和不同读者对象来设定，它受成本约束，并要体现出形式美感。恰当的开本设计不仅能与同类书区分开来，而且能使读者眼前一亮，起到诱发读者阅读和购买欲望的作用。书籍设计对开本的选择一般遵循以下两点规律：

#### 1.不同开本的情感表达

所谓开本也就是书本设定规范的尺寸。一般来说，有以下3种情况：

（1）32开本不宜太厚。有些诗集和寓言作品惯用狭长32开本，清新修长的开本形式与诗的韵味较统一、和谐，在风格上体现了诗集的凝练、超越的意境，符合读者心中的浪漫情愫。

（2）16开本适宜较大较宽的学术书籍，如地理、医学、工程学等科技类的书籍，较规范、严谨，具有很强的逻辑性。

（3）词典类一般是采用16开本或32开本，一般要分栏，篇幅较大，开本较大。有时为了方便可做成“口袋书”。

另外，除了一些规则开本的情感表达外，还有一些不规则的开本也越来越被读者关注。

#### 2.情感设计对开本的影响

开本设计的合理性体现在情感设计的三个层面上：一是开本设计给人的感官、视觉感受；二是开本设计是否与书籍内容具有同一性、实用性、便捷性；三是开本设计给读者或者是设计者的影响及反思。因此我们判断书的情感设计的合理性也是同时从这几方面入手的，还可以从开本的设定过程来理解：设计者要向编著者了解文字编辑，了解原著的精神实质，并且通过阅读，加深对所需设计书籍的内容、性质、特点和读者对象等的理解，做出正确的判断，通过想象调动自己的设计思维，才能使其对艺术上的美学追求与“书籍设计”内蕴相一致。（图2−31～图2−33）

the FABRIC of DREAMS
the FABRIC of DREAMS
the FABRIC of DREAMS

图2-31

NYC Friends
NYC Friends
NYC Friends

图2-32

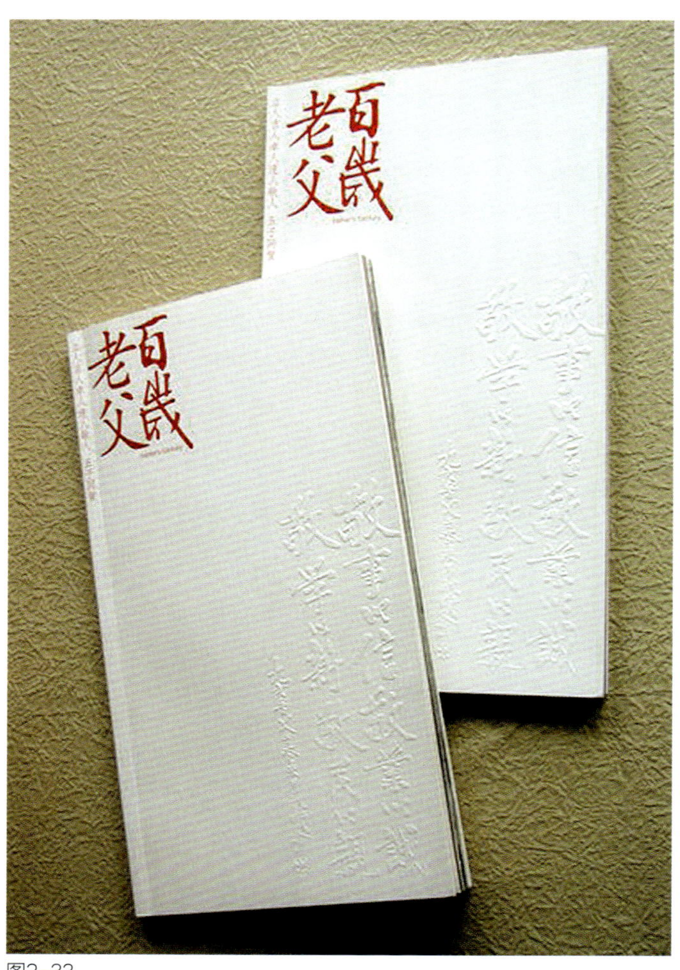

图2-33

## 二、装订

书籍的装订方式也是书籍形态设计的一个重要方面。装订是把零散的书页或纸张规整起来，使其坚固、美观，易于阅读和保存。书籍装帧中的“帧”就是指一页页的图书，而把一页页的纸张连接起来就需要装订。装本一般可分为平装、精装、活页装和散装四类：

### 1.平装装订

（1）骑马订

书页仅仅依靠2个铁丝钉联结，因铁丝易生锈，所以牢度较差，适合订6个印张以下的书刊。

（2）线订

在靠近书脊的版面用三眼线订或铁丝订，薄本书籍也可用缝纫机线订。它的方法简便，双数和单数的书页都能订，缺点主要是书页不能放平，也不宜用于厚本书籍，使阅读不方便。

（3）无线胶背订

无线胶背订也叫胶背订、胶粘装订。由于其平整度很好，目前大量书刊都采用这种装订方式，但由于热熔胶质量没有相应的行业标准或国家标准，使用方法还不规范，故胶粘订书籍的质量尚没有达到令人满意的程度。

（4）锁线订

锁线订是将一页一页的书页用线连锁起来，它比较牢固又易于排平，适用于较厚的书籍，是理想的装订方法，但成本较高。

**2.精装装订**

精装书籍比平装书籍精美耐用，多用于需要长期保存的经典著作、精印画册等贵重书籍和供经常翻阅的工具书籍，在材料和装订上都要比平装书籍讲究。精装与平装的不同之处，除了书芯一般都用锁线订或胶背订外，主要的区别是在封面的用料和制作上。精装的封面有软和硬两种。硬封面是把纸张、织物等材料裱糊在硬纸板上制成，适宜于放在桌上阅读的大型和中型开本的书籍。软封面是用有韧性的牛皮纸、白板纸或薄纸板代替硬纸板，轻柔的封面使人有舒适感，用于适宜携带的中型本和袖珍本，例如字典、工具书和文艺书籍等。书脊有圆脊和平脊两种。圆脊是精装书籍常见的形式，其脊面呈月牙状，以略带一点垂直的弧形为好，一般用牛皮纸或白板纸做书脊的里环衬，有柔软、饱满和典雅的感觉，尤其薄本书采用圆脊能增加厚度感。平脊用硬纸板做书脊的里环衬，封面也大多为硬封面，整个书籍的形体平整、朴实、挺拔。

**3.活页装装订**

活页装适用于需要经常抽出来、补充进去或更换使用的出版物，其装订方法常见的有穿孔结带活页装和螺旋活页装。前者的封面和封底一般分开成两片，也有的像精装书壳那样连在一起的，用丝带串联打结，用装订机打孔，装上金属小圈。后者在翻阅时能够放平，也较新颖美观，常用于产品样本、目录、照相簿和日历等。

**4.散装装订**

散装是把零散的印刷品切齐后，用封袋、纸夹或盒子装订起来，大幅的折叠后装订一般只适用于每张能独立构成一个内容的单幅出版物，例如造型艺术作品、摄影图片、教学图片、地图、统计图表等，用时可悬挂展出观赏。简单的用普通封袋，讲究的用折合式保存，数量多的用盒子装订。文字部分包括序、目录、图片说明等，如篇幅较多，可与扉页、版本记录等集中起来，装订成为一册。文字部分数量少的，只有目录和简短说明的，则可印在装订物上。把书口的上下角切成圆弧形或者只把精装封面的上下角制成圆弧形的，称为圆角装，书角不易卷曲和磨损，也精巧美观，适宜于经常装在衣袋里的袖珍本。

装订形式的选择要从书籍的具体要求和工艺材料出发，顾及成本和读者的方便，力求做到艺术和技术的统一，并归入到书籍的整体设计之中。应大胆尝试从书籍封面到内页，从色彩到图形，从整体造型到版式编排都要体现出创意的思维，使书籍以变化多姿的形态向人们展示文化的魅力。（图2-34～图2-37）

图2-34

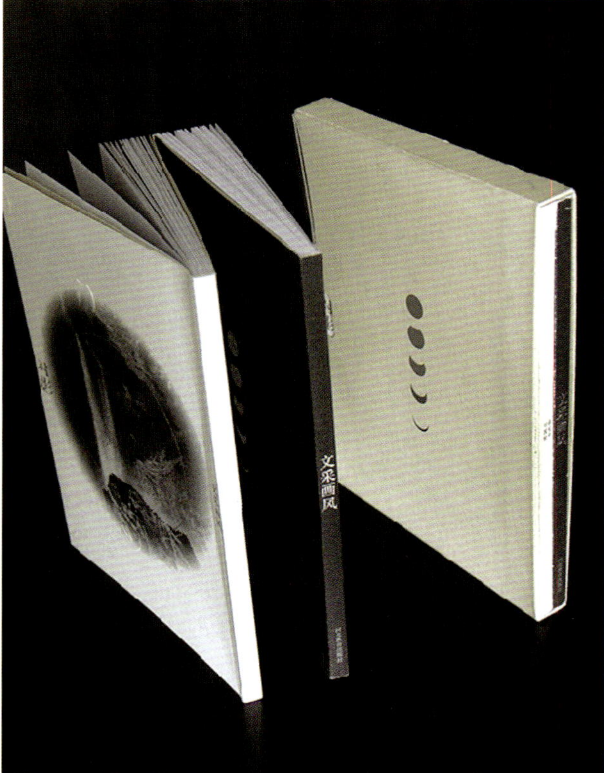


图2-35

图2-36

FACES PUBLICATIONS
THE PHILOSOPHY OF
andy warhol
(FROM A TO B AND BACK AGAIN)
WRITTEN BY ANDY WARHOL
安迪·沃荷的普普人生
andy warhol

图2-37

第三章

# 书籍形态设计的原则

## 第一节 书籍形态的造型与意蕴

《现代汉语词典》对“形态”的解释为：形为形状、形体；态为形状、状态；形态为实物的形状或表现。可见形神兼备的艺术魅力就是外形美和内在美的珠联璧合。要完成书籍形态的形神兼备，就要通过组稿、编辑、设计、印刷、装订的这一系列的整体系统工程。书籍是信息传达的载体，而不同的载体又会产生形态不同的书籍，同时，书籍的不同形态也会反映特定社会、特定时期的生活状态和意识形态。书籍是随着时代的发展而发展的，在不同的历史时期，书籍具有特定的能反映时代特征的书籍形态。社会在发展，设计水平在提高，印刷材料在变化更新，人们的审美眼光也在变得更加挑剔。进行书籍形态的塑造首先就要从更新观念开始，对传统与现代甚至是未来的书籍构成进行由内至外、宏观到微观、文字表现与图像传播、立体空间塑造与书籍语意传达的不断探索，从而创造出充满传统意蕴和现代美感的新的书籍形态。

## 一、书籍形态的造型

书籍是人类智慧积累、传播、延续的主要文化载体，书籍设计则是一项整体的视觉传达活动，它涉及工艺、材料、印刷、装订等方面的选择，是全方位的整体构筑，因此，设计包含了书籍所必需的材料与工艺。书籍设计是把书籍主题难以言表的东西深入浅出地视觉化，用唯有图形才可能阐述的图像语言贴切地表达出来，与书籍的思想内容相得益彰，以贴切的书籍思想内涵激发人们更多的想象空间。

书籍造型即书籍的形态结构，从书的外观看为“六面体盛纳知识的容器”，是文字、图像、色彩、材料、工艺这基本五元素的展现。有人称书籍设计是一种“构造学”，如同建筑一样，属于空间造型艺术，由于任何造型艺术的构建在形式上都离不开点、线、面三元素的构成，所以点、线、面也是书籍外在形态设计的重要元素和基本手段。点能使画面生动活泼；线能将画面进行分割和连接；面能使设计更具有整体性。合理地运用点、线、面，能使书的形态造型更加美观完整，更富于动感的生命力，形成一种动态力的运动。书籍设计不仅给人以表象的感知，而且需更进一步地以感性的艺术直觉表达某种潜意识的心灵感受，昭示某种阅读方式带来的心理内涵的特殊形式与美感。一本理想的书籍应以其信息量大、趣味性强、易于读者接受以及富有新鲜感来吸引读者，无论是哪类学科门类的读物，都可使读者得到超越书本的知识容量值。从阅读到体味，从感受到联想，书中的点、线、面、体，构成知性的智慧网，不仅给予读者一个接受和汲取知识的过程，还得以以自身的智慧凝练和扩展想象。（图3-1～图3-3）

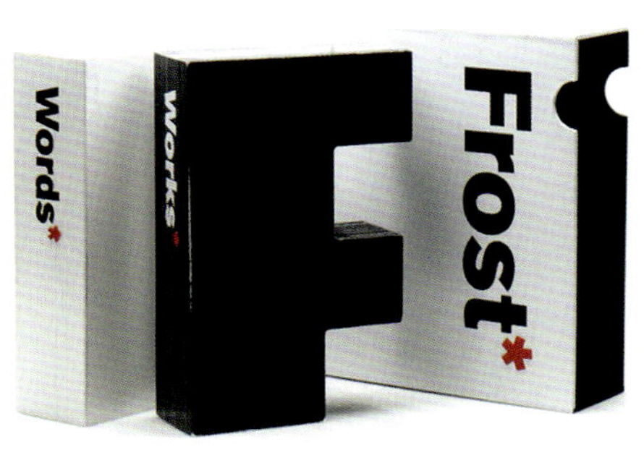

图3-1

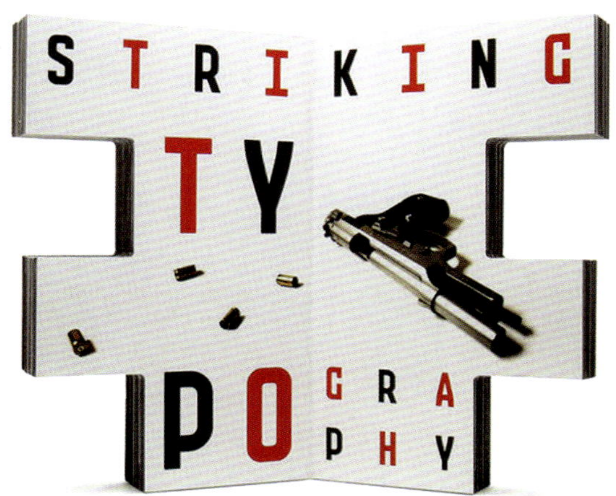
STRIKING
TY
PO GRA
PHY

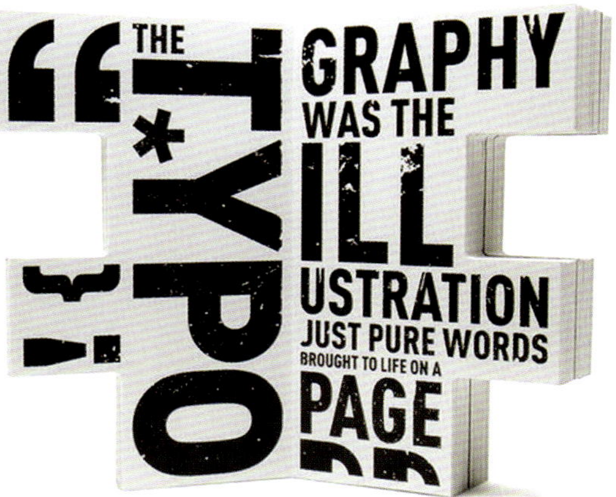
THE
TYPO*
GRAPHY
WAS THE
ILL
USTRATION
JUST PURE WORDS
BROUGHT TO LIFE ON A
PAGE

36
37
INDIPENDENT
MAGAZINE
Magazine design
(The Indipendent)
London
1995

WE/ALWAYS
TRY/TO
GET/A
T-SHIRT
OUT/OF
EVERY
JOB

图3-2

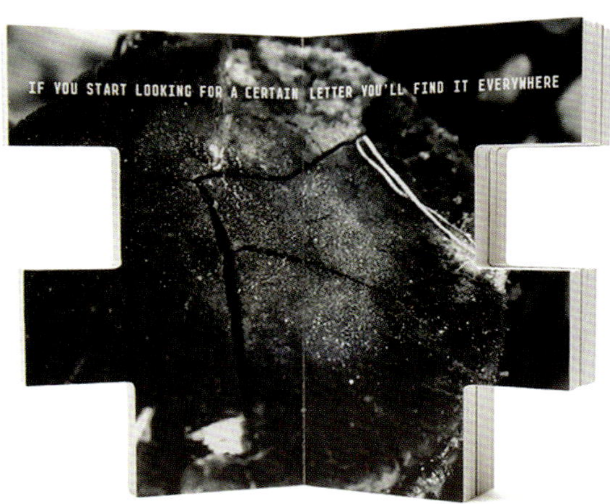
IF YOU START LOOKING FOR A CERTAIN LETTER YOU'LL FIND IT EVERYWHERE

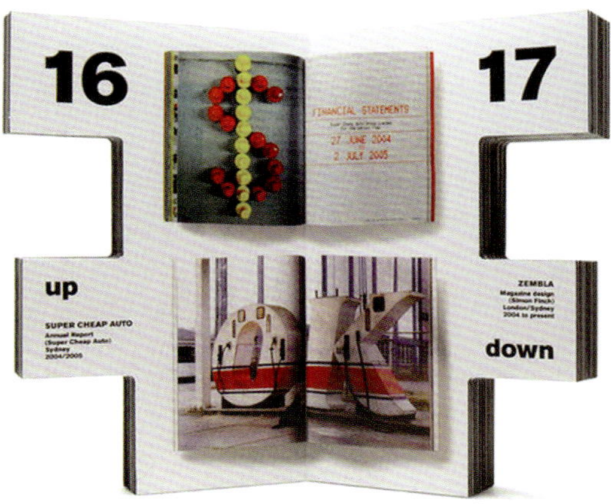
16
17
FINANCIAL STATEMENTS
27 JUNE 2004
2 JULY 2005
up
SUPER CHEAP AUTO
Annual Report
(Super Cheap Auto)
Sydney
2004/2005
ZEMBLA
Magazine design
(Simon Finch)
London/Sydney
2004 to present
down

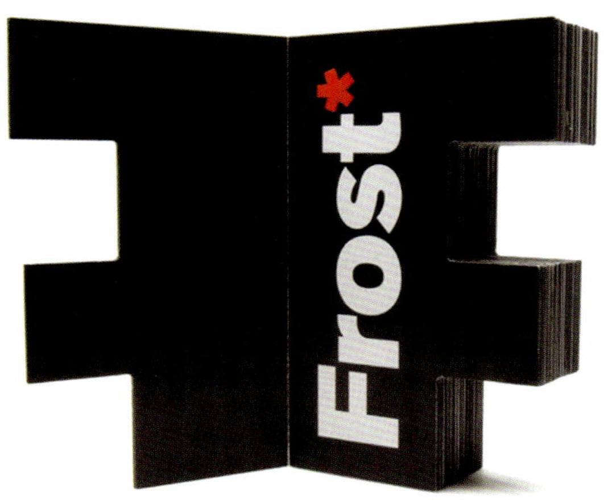
Frost*

Black
&
White

图3-3

## 二、书籍形态的意蕴

艺术作品的意蕴之美，是一种高层次的美感。黑格尔说："意蕴是比直接显现的形象更为深远的一种东西。艺术作品应该具有意蕴。"而书籍设计的意蕴之美，是艺术作品"形而上"的神韵之美，正所谓"言有尽而意无穷"。这种美显现在书籍设计的形式意味上，显现在书籍的形象内容中，显现在书籍整体形态里，它所流淌出的超越形与色的精神，就是书籍设计的意蕴，是书籍体现的设计理念和文化精神。书籍设计是一种整体性设计，也是一种人性化设计，说到底书籍整体性设计的最终目的也就是为了适应读者的需要，符合读者的视知觉规律。纸张的连续叠合，可以呈现不同厚度的立体物，日本著名设计家杉浦康平先生说："纸拿在手上，把它对折再对折，于是纸被赋予了生气。纸得到了'生命'，马上变成了有存在感的立体物质。"

书籍设计的意蕴还可以说是隐藏在艺术形式与内容之间的一种文化内涵。所有艺术都是一种文化现象，书籍设计也不例外，虽然书籍本身是商品，但是属于文化商品。因市场的缘故，许多设计作品充斥着商业的气息，一味追求"形而下"的视觉冲击，过于追求表面东西，而缺乏内在的文化意蕴，缺少书籍应有的书卷气息，所以，设计师要加强自身的修养，不断提高自己的文化品位和审美能力，追求自我精神世界的丰富，对书籍文化意蕴的把握重内在、重虚灵，要超越物质实体，显现精神境界，这样设计作品的意蕴才能越来越丰富。

如图3-4所示，吕敬人设计的《中国现代陶瓷艺术》，盒函书脊将陶艺家高振宇的青瓷器皿的归纳图形，形成本书各卷的识别记号。此记号也渗透于文内、扉页、文字页、隔页、版权页中。全书的设计疏密有致，繁简得当，表现出浓厚的和谐之美。如图3-5所示，吕敬人设计的《西域考古图记》，封面用残缺的文物图像磨切嵌贴，并压烫斯坦因探险西域的地形线路图。函套本加附敦煌曼荼罗阳刻木雕板。木匣本则用西方文具柜卷帘形式，门帘雕曼荼罗图像。整个形态富有浓厚的艺术情趣，有力地激起人们对西域文明的神往和关注。

图3-4

西域考古图记
西域考古图记
西域考古图记

西域考古图记
西域考古图记

西域考古图记
西域考古图记
西域考古图记
西域考古图记
西域考古图记
西域考古图记

图3-5

## 三、书籍形态的“五感”

书籍形态设计中“五感”设计是通过符号以及特殊的材料由二维延伸到三维空间的虚拟文化信息。当我们拿起书籍，手触，眼看，心读，左右翻转，书与人产生的具有互动的交流是一种行为艺术。“五感”是影响自身以及周围环境的生命体，这种意境可以使读者在阅读、触摸和翻阅的过程中受到感染并逐步体会出书籍所表达的主题。一本好书在于设计师能够机动灵活地把握各种元素体现出“五感”理念。

### 1.触觉——材料与工艺

书是一种生活化的东西，它给人丰富的触觉经验。书的大小、厚薄、轻重、软硬以及它的材质、印刷工艺和装订方法，都影响着读者的感觉。春秋末年的《考工记》中说：“天有时，地有气，材有美，工有巧，合此四者，然后可以为良。”这番话高度概括了工巧的美感与天地自然、材质特性以及与能工巧匠的技艺之间的关系。同样，材料也具有极强的表现力，它的特征、纹理、色质、重量、印刷效果，对设计所产生的影响是令人惊叹的，材料的特性有助于更充分地表现设计意图。因此合理地组合与并置工艺技术和材料，将使书籍的知识性和艺术性的信息传递量得到增值。

触觉指读者的肌肤对于一本书的感觉。不同的材质、肌理的纸张在读者的抓握与翻阅等碰触过程中，对其心理产生不同的影响，通过眼视、手触等感觉而贯穿阅读与艺术欣赏的全过程。

### 2.嗅觉——阅读与互动

嗅觉指书页翻动间体味到的书卷之香。打开书时，油墨香混合着纸张的气息扑面而来，字里行间，愉悦身心。翻阅书籍，可以闻嗅到它的气、质、情。

### 3.听觉——愉悦感

“翻开”是书籍从概念进入现实的临界点。设计师所有的理想、所有的美学追求，都必须在“翻开”之后接受考验。而信息的原始创造者——作者的意思表达能否被准确、便捷、优美地传达到读者那边去，必须要在“翻开”之后，通过读者的阅读来验证，那么这时书就需要有自己的声音。

翻书有声，设计有声，由材料和工艺共同唱响的乐曲，在设计中材质的不同与工艺的差别，都会给我们带来不同的听觉感受。柔韧或坚挺的纸张所发出的声响使书籍产生时间、空间的多次元变化，这些声音交汇在一起，述说着书籍自己的故事。听，书籍在说话。

### 4.味觉——文化品格

这里的“味觉”，不单是感官上的刺激，它更强调书籍的“品味”，是眼看、耳闻、鼻嗅、手触、心读所共同给读者奉上的“味觉”。书籍的“品味”，在品味书中内容的同时，也是对书籍设计情感的品味，品味设计中的传统文化、时代特征、语言情感。

### 5.视觉——信息与传达

书籍经过设计以某种特有的形式呈现出来，它在第一时间刺激我们的视觉，我们所看到的也会在第一时间映射给大脑，然后做出相应的判断。那么，设计如何带动视觉的移动方向？这就需要明确书籍信息的时空构造意义，以在信息传达设计中注入流动、循环、渗透的概念。书籍的形象，是一本书给读者最直接的也是最重要的艺术感受，它伴随着一本书从发现到阅读完毕的全过程。

“意奇则奇，意高则高，意远则远，意深则深”，也就是说，设计师在设计书籍、着手立意时，要用功能与美学相融合的手法和设计语言进行创造，以体现书籍设计形式的个性化和意蕴美。“书信为读，品像为用”，书籍设计的本质不仅指的是视觉的阅读，更是影响读者内心和周边事物的生命体。如图3-6所示，赵健设计的《曹雪芹风筝艺术》，获2006年“世界最美的书”称号。本书以线装书体现历史感，字体选用了人们最熟悉的中文楷体。“放风筝”的感觉主要是通过封面和书中那些代表风筝线的虚线来传达。这些虚线除了传达自由、放飞的感觉，作为版面语言还起到了穿针引线的作用。如图3-7所示，吕敬人设计的《中国记忆》，本书是奥运期间对全中国各地博物馆的精品展览的收集，装帧设计呈现中国风，融进诸多的中国元素：水墨晕染、原始象形文字、中国书法，配以中国红的书名、古朴典雅的外包装，勾勒出一个东方美学的综合体。如图3-8所示，刘晓翔设计的《诗经》，封面通页为黑底，左上方两个大字：诗经，简单而又透着些神秘的高贵。

图3-6

图3-7

图3-8

## 第二节 书籍形态设计的时空结构

### 一、书籍形态设计的空间结构

一个现实的审美必须具有一个物质的、可感知的载体，必须是一个对象。书籍的空间结构虽然可以说是方寸之间，但其具有空间的延伸性。书籍空间由多个因素组成，空间形态涵盖了书籍的多个形态元素，包括书籍的结构、形状、造型、透视、骨骼、开本、书脊、厚度、装订形式等，也包括封面设计、环衬、扉页、插图和版式设计等各个方面。书籍设计艺术如同一个浓缩的艺术空间，各个空间因素相互支撑相互影响，外观空间与内在空间贯穿融合，给读者带来整体审美的享受。在考虑书籍内部各个空间的设计和整合时，单体的设计应该服从于整体的需求，离开这个整体的话，那么，各个单页也就失去了其价值。版式的设计，图文关系的处理，字距、行距的安排，页面的留白、虚实，章节的过渡，往往都会在读者的视知觉中留下相应的痕迹并引起一系列的阅读心理反应。甚至更缩小去说，在一个单元平面上的任意一点、一线，都会赋予这个平面一定的情感与空间，因此，在解释事物、传达意图时，个体设计必须服从书籍整体设计这个多维的空间。

书籍的外观结构设计往往带给读者对书的第一印象，在书籍陈列和销售中，当书籍平放时，读者首先感受到的是书籍封面与书函，当书籍陈列于书架时，读者首先感受到的是书脊。优秀而有创意的外观设计，是意（书籍的主题和内容）与象（书籍的设计与表现）的完美结合，会吸引读者情不自禁地将书从书架上众多的同类书籍中拿出来，进行进一步翻阅和欣赏。

图3-9

## 二、书籍形态设计的时间结构

时间结构是书籍设计形态的另一重要结构形式，时间具有一维性和不可逆性，时间结构就是以时间为存在方式，在时间的延续中序列化地呈现艺术形象，体现艺术设计的表现形态。在书籍形态中，体现书的传统三维空间概念加上读者的视线扫描、触摸与翻动构成在时间上延续的位移关系，表现在主客体之间的转换与结合，更多的是强调互动的四维空间意识。

在阅读过程中，读者由表及里、由前至后的浏览、触摸与翻动，或在被封面等外观吸引后随意地翻阅，以及对于一个页面的由上至下的扫描，或是认真阅读每一段文字、品味每一幅插图等行为，在主客体之间都会产生不同的书籍时空结构形态。

时间与空间是事物基本的存在方式，在大多数时候，我们通过视觉把握空间形象去认识事物，因此，在语言之外，视觉形象充当了主要的思维媒介。空间结构和时间结构的结合，是指其既依靠空间造型存在，又依靠了时间的延续性，是空间形象在时间延续中引起观众情感共鸣的艺术设计表现形式。书籍设计形态时空综合的这一特性，不仅体现在时空形态上，还体现在对艺术形式的综合运用上。就接受环节来说，还最终体现在鉴赏者的视觉、触觉、听觉等感官与心理同步作用的综合性上。（图3—9～图3—12）

共产党宣言
MANIFEST
der
KOMMUNISTISCHEN
PARTEI
Marx & Engels

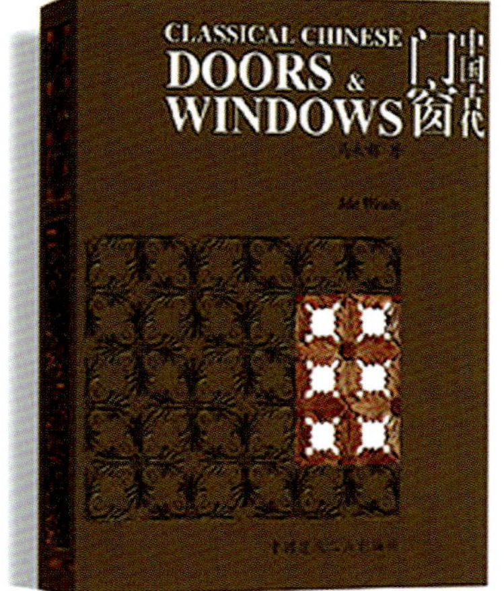
CLASSICAL CHINESE
DOORS & WINDOWS
中国古代
门窗

图3-10

图3-11

图3-12

第四章

# 书籍形态的创新与发展趋势

在现代社会多元化发展的大趋势下，由于人类的生存方式的变化，新思维、新情感的表达，以往关于书籍设计中运用的规则正逐渐被打破，呈现出新的发展趋势。

## 第一节　对未来书籍形态设计要素的创新思考

随着多元文化传播的冲击，文化需求和消费者阅读层次、品位正在改变，我们必须更新观念，为未来时代的读者需求而设计，深入探讨未来书籍形态设计的可变空间。

### 一、概念书

概念书是一种基于传统书籍，充分体现个性内涵，寻求表现书籍内容功能性的新形态书籍形式。它包含了书的理性编辑构架和物性造型构架，是书籍的传达形态在概念上的创新，是为了寻求新的书籍形态设计要素而产生的一种形式，根植于内容却又在表现上另辟蹊径。它的意义就在于扩大大众接受信息模式的范围，提供接收知识、信息的多元化方法，更好地表现作者的思想内涵，它是设计师传达信息的最新载体。如同概念车一样，概念书创造的也是书籍设计的一种可能和探索方向。

包豪斯提出“设计是为了大众而进行的活动”，这指出了设计的根本目的。因此，我们探索的概念书和传统书籍有着同样的目的，即更好地传达所要陈述的信息，并最终服务大众。

## 二、创新思想的介入

随着人类对世界的深度认知，越来越要求书籍有更新的形式、更高的意境，这种需求促使我们必须给书以最完美的创新。在书籍未来的发展之中，创意必将是重中之重，因此靠创意引导读者走进书籍是一种趋势。作为一名设计师，要随时代的发展不断更新艺术观念，探索和发掘新的阅读方式，着力进行书籍的趣味性探索，使创意不断萌发，设计出充满奇思妙想的书籍形态，给读书带来更多愉悦和乐趣。

## 三、绿色设计观的引入

书籍作为一种特殊的设计作品，不同于纯粹的艺术作品，它是集审美和实用性于一体的，通过视觉、听觉、触觉给人直观的感受。这种设计作品服务于读者，同时把文化、设计思想传递给读者。生态、环境和可持续发展是现在及未来社会面临的最迫切的课题，绿色设计已成为当今研究的热点。随着近年来新闻出版业的迅猛发展以及文化传播的深化，书籍设计带来的资源的高消耗及对环境的严重破坏所引发的生态问题已不是一个简单的技术问题，因而书籍设计中生态问题又成为设计研究中的新课题。如今社会所广泛提倡的是“绿色设计、环保设计”，因为只有绿色、环保的设计才能对人们的生活有益。也只有绿色、环保的设计才能得到社会的认可，才能经得起时间的检验。绿色的设计能够把环保的理念带给大家，使人们在阅读的同时产生环保的意识，这才是书籍的真正价值所在。

提倡书籍绿色设计，给社会提供与自然和谐共处的文化产品，必将成为书籍设计的主流。这也将是未来每一位书籍设计师肩负的责任。

## 四、新媒介的影响

面对新媒体时代，传统出版物作为信息传达的唯一媒介的地位已经不复存在了，随着数字科技的发展和互联网的普及，人们消费方式、生活方式的转变，多媒体媒介给人们提供的声音、影像等多位一体的信息传播方式，渐渐改变着人们的阅读形态与阅读方式，电子书籍作为承载信息的媒介，其地位越来越重要，人们也越来越乐于接受这种直观的视觉化信息。电子书籍是集文字、图像、色彩、声音、影视动画于一身的媒介，满足了当代人大容量、快节奏、易检索、多感共同参与的阅读需要。电子书籍与传统书籍最大的不同之处在于它具有信息传递的动态展示的特点，具有互动性。它打破了传统意义上的平面设计的范畴，其动态展示具有“情景交融”的特点；并且电子书籍的形态在展开前具有未知性的特点，所以更能吸引读者的注意，引发阅读的兴趣。（图4－1～图4－3）

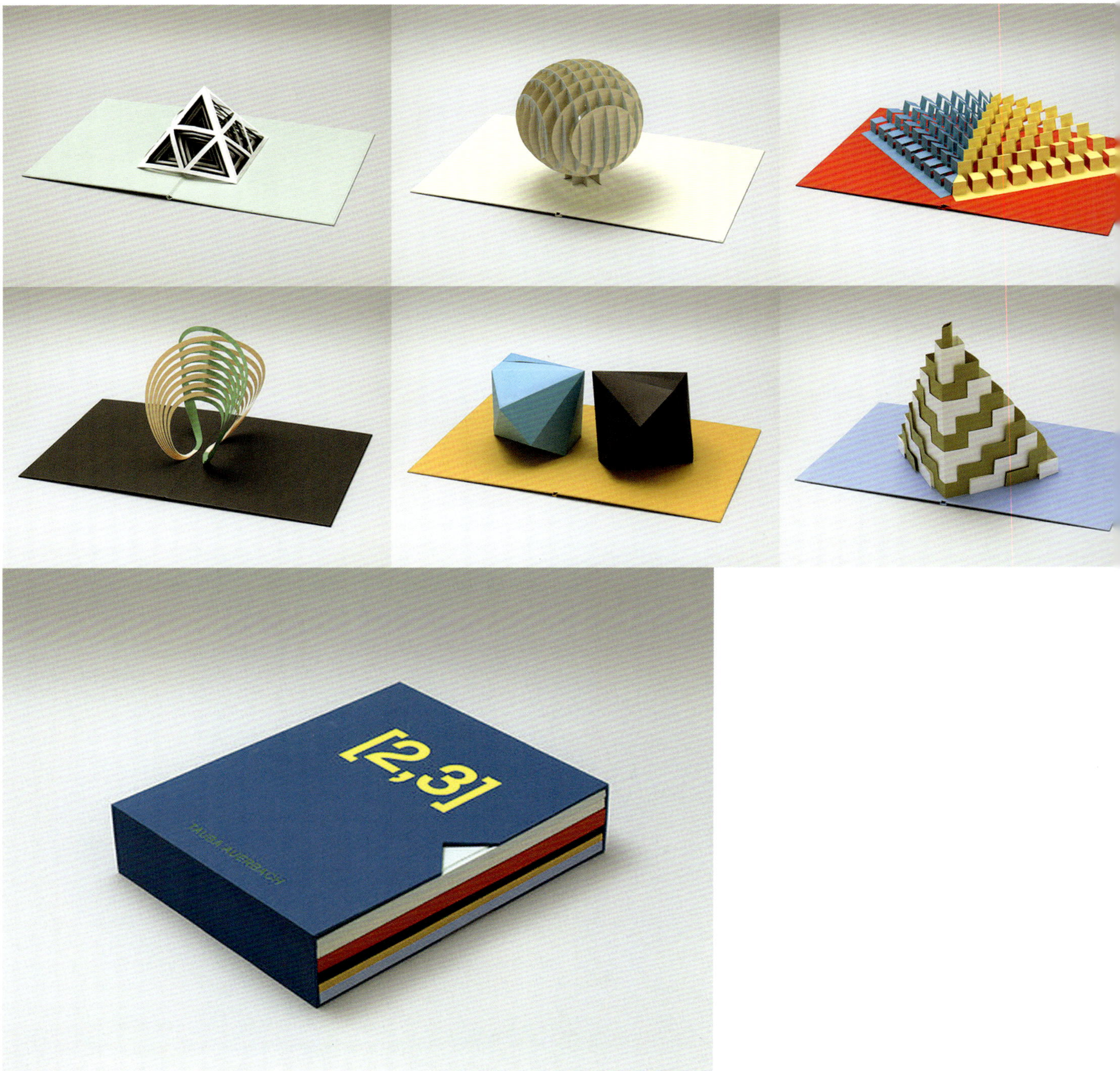

图4-1

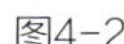
图4-2

图4-3

## 第二节 人性化关怀趋势

书籍形态设计人性化已经越来越受到设计师的重视，也成为现代设计发展的趋势之一。人性化的设计需要书籍形态设计有自身的特点，一本好书在于使读者“读来有趣，受之有益”。现代形态设计越来越以人为本，设计师更多地考虑到书籍的整体性、秩序性、隐喻性、趣味性以及工艺性，如一本书的开本大小、长短比例、厚度、重量、图片以及字体的大小甚至行距都要考虑到怎么样使人在最舒适的状态下完成阅读的行为。书籍设计是一个整体的概念，除内容外它还包括结构、形态、传达方法以及阅读过程中令人愉悦的诸多设计要素。在设计过程中要将文字的内容、有趣的形态、生动的图像、富有触感的纸张、阅读过程产生的声音等各种元素相互交融，传达出的一种整体的阅读气息，给读者带来不同的视觉与触觉刺激，创作出一本完美的书。

设计与纯艺术不同，人性化设计要求设计师不能将其独特的眼光和思想凌驾于读者之上，而应该处处为读者着想，在“以人为本”思想的基础上充分运用书籍语言文字、图形、构成、节奏等发挥他们的个性，表达他们的思想。设计师应该以读者为基础引导和提高读者的审美能力。

### 一、形式与内容的统一

艺术作品的内容与形式既是相互对立、相互区别的两个方面，又是相互制约、相互渗透的有机统一体。形式离不开内容，设计作品要在内容的基础上来选择表达的形式；内容也离不开形式，没有表达形式的内容是不能展现在观众面前的。同时，形式也受到内容的限制，无论多么精彩的形式都必须在体现内容的基础上进行；不同的内容也要由特定的可以与之相呼应的形式来烘托。内容呼唤形式，形式表达内容，内容与形式相互推动、相互合作，这样的设计作品才会精彩。我们进行书籍形态设计也是这样的，形态都是为书籍本身的内容服务的，书籍的形态要更加突出和渲染书籍的内容，这样的形态才有存在的价值。

书籍设计的本质就是要自觉地去设计信息，使之以某种引人注目、便于接受的形态展示给读者。书是各种“文化存在”的凝结物，创造一本书籍的新的形态，首先依赖于原著内容的信息源和由此引申扩展的信息网络，从中进行有条理的选择、知识量的扩充、实现表达方式的到位、表现力的发挥。书籍形态中的每一方面的应用都应完全切合书籍主体本身的要求。书籍设计者在结束策划、运筹并将诸元素综合后，这仅仅完成了其前半部的工作，还要依赖后半部作业程序的完成才能兑现书籍形态的设计构想和意图。设计者必须了解和把握书籍制作的工艺流程。现代高新技术和工艺是实现创造书籍新形态的重要保证，也是书籍形态设计进一步发展的条件。

不同内容的书籍要有不同的表达手法，这样我们设计出的作品才能更好地传达书籍要表达的内容。不同的书籍内容给予读者的感受是不同的，这种不同的感受我们应当在书籍的形态设计中首先传达给读者。（图4－4～图4－6）

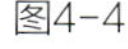
图4-4

图4-5

图4-6

## 二、书籍形式与阅读群体的统一

书籍设计作品在没有被消费者接受之前仅仅是设计作品，真正被消费者乐于接受的作品才会成为商品，才是成功的设计作品。书籍是一种商品，既然是商品就具有商品的基本特性。作为一种商品的书，最终的归属是消费者。德国接受美学家伊瑟尔提出了“隐含的读者”的概念，他认为，隐含的读者“既体现了文本潜在意义的预先构成作用，又体现了读者通过阅读过程对这种潜在性的实现”。我们在进行艺术创作的过程中，需要考虑我们的“隐含的读者”。要考虑到自己为谁而设计，要考虑到自己的作品将被哪一社会群体、社会阶层消费，那么就要满足这一群体和阶层消费者的需求。如果我们的接受对象是一般的普通大众，那设计的选材、风格等方面就要考虑到这一阶层的接受能力和接受水平。如果我们所面对的是儿童，那我们的书籍形态就要鲜艳活泼，易于理解和接受。

在日常生活中，我们总是在自己的需要、兴趣、目的的指引下注意某些事物而忽略某些事物，此时我们就处在心理定向的心理状态之中了，那些被我们视而不见的事物则成了被注意的事物的背景。当我们有了相应的接受事物的心理定向时，注意力就有了相应的方向，对我们预期需求的事物也会产生相应的期待。期待是比心理定向更进一步的心理准备状态，这种期待就是消费者最需要的。比如我们设计一本专为睡前阅读使用的枕边书，那睡前轻缓柔和的气氛就是我们要把握的。设计师应当要理解消费者、尊重消费者，以阅读为根本，作品要适合消费者的阅读和消费需要。

## 三、新技术推动书籍形态的发展

书籍的形态设计离不开印刷与装订技术的支持，而先进的技术总是在不断兴盛、衰落和革新。在过去很长一段时间内，我国对书籍设计中材料与印刷技术的重视是不够的。这一方面是由于我国的文化精神中隐含着“重实用、忌雕琢”“倡简仆、忌奢靡”的哲学思想，这些思想潜移默化地影响着设计师与消费者；另一方面，书籍设计中技术的运用在很大程度上受时代的制约，与当时的生产力发展水平、材料加工工艺、审美标准、流行时尚等因素有着直接的关系。

随着人类改造自然能力的不断提高，工业文明飞速发展起来。现代工业文明在利用自然和改造自然的过程中，涌现出了许多新的技术与新的材料，现在的工艺水平已发展到趋于成熟的阶段。电脑技术普及，强大的制图软件可以让设计者们实现一切想象，金银版、压印、模切、UV、烫金银、压纹、各种轻型纸、硫酸纸、香味印刷、电化铝以及运用木质、皮质等各种材料已成为印刷中的常用技术。甚至现在各种相关技术也开始涉足书籍形态的展现，金属工艺、塑胶工艺、布艺等其他领域的工艺技术也被运用到书籍设计中。新技术的运用，使材料语言的价值和内涵凸显出来。对新技术的尝试和应用，客观上实现了书籍的个性化，增加了传达书籍内涵的表现手段。

技术的不断发展，促使我们紧随其后不断地进行新的尝试，也必定会因为新技术而创造出新的创意形态。艺术家通过对基本材料的加工，用这些材料的特质来进行创作，正是这些被艺术家组合成的一种叫作艺术作品的物质性事物的材料，被领悟成了审美客体。在艺术家的创作经验中，每一种材料都被当成一种小的、基本的审美客体。物质是客观存在的，是人的意志难以改变的，任何新技术都有一定的限制性。设计者必须首先认识新技术的物质性的本质，才能利用新技术，发挥出其本身的特性和表现力，让技术为我们的设计工作服务。我们对新技术、新材料的认识，不仅仅要发现它的外部的肉眼可见的效果，更应当发掘其内部蕴含的精神，这种精神就是这种新技术、新材料所带有的时代精神。时代精神能够引发观众的共鸣，将观众内心中的指代与象征意义进行发掘、领会并加以运用，将技术真正地变成一种表现的手法和语言，这才是对新技术的物尽其用。正确地运用技术的特质，可以使设计达到其原构想定位的平方值、立方值以至多次方值的增值设计效果。技术的外在物质特性为艺术表现提供了一种可能性，而内在精神特性则与艺术表现一起为主题内容服务。

我们在进行书籍形态设计时，对待技术的态度不应该仅把它看成文字的载体、表达的方法和装订的手段。对于设计来说，技术不仅仅具有物质性，它更是表现的手法，其中蕴含着时代精神。（图4–7～图4–9）

图4-7

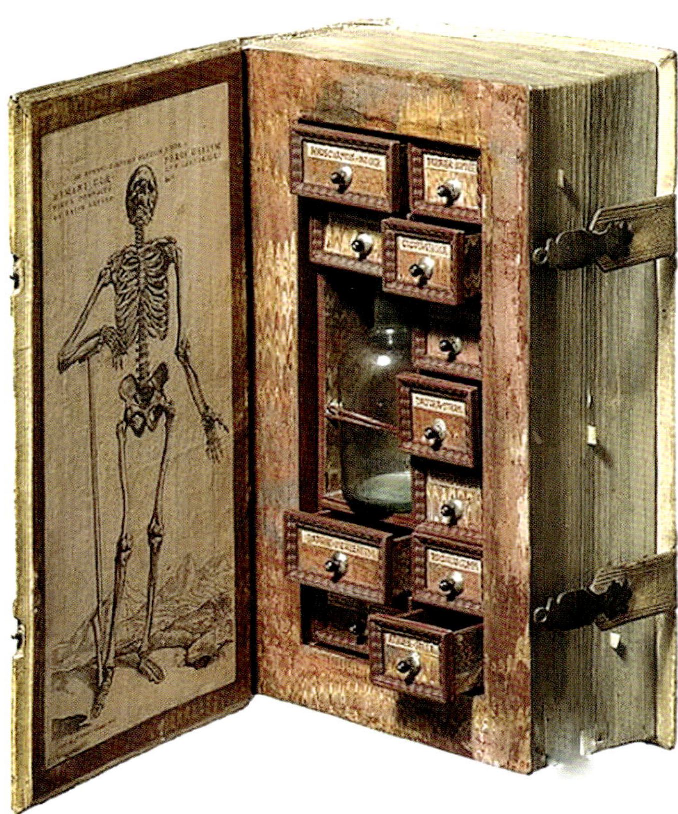

图4-8

图4-9

## 第三节 对传统文化关注的趋势

书籍设计与时代同步，与社会经济发展密切相关。外来优秀文化的进入，开拓了书籍设计的思路。中国现代书籍设计要适应中国社会的发展和中国读者的审美欣赏习惯，设计师需不断创新求变，深入研究书籍设计的时空艺术性，形成既有丰富内涵、又适应中国市场的书籍设计语言风格。这就需要设法强化书籍设计中视觉传达语言的应用，如对图像、文字、点、线等元素在书籍版面中的构成，节奏、层次以及时空艺术性的把握，形成既有丰富内涵，符合中国读者生理、心理需求，又适应市场经济的中国特色书籍设计语言，将书籍自身所蕴含的千年文化在设计时空中传达给读者。书籍设计时空艺术性影响读者的思维潜意识，是当代书籍设计的人性化体现。在中国当代书籍设计中，全子设计的《小红人的故事》、吕敬人设计的《西域考古图记》《绘图金莲传》等作品均渗透出浓郁的中国风，将中国千年文化蕴藏在书籍设计的时空艺术性中展示给读者。

在当代中国的书籍形态中，更注重注入中国传统文化提倡的神韵。我们曾有一个时期在书籍装帧设计中一味地效仿西方，寻求视觉冲击力，而现在设计师在寻求视觉冲击力的同时还在形与色中寻觅东方的韵味，这不仅体现在封面设计上，还体现在整个书籍形态设计过程中对读者在阅读过程中对韵味的整体感受的注重。这种趋势随着我国书籍形态设计观念的改变已经渗透到书籍设计的整体空间中。气韵在现代中国书籍形态设计中的运用在西方书籍装帧艺术形式之上，摈弃了中国传统文化中消极保守的一面，继承了传统文化中积极开放的一面，又融入西方书籍装帧设计中积极强烈的文化精神，使我们书籍装帧形态设计迈向了新的台阶。（图4-10～图4-13）

图4-10

图4-11

图4-12

图4-13

## 第四节 人与书的互动

视觉是人类最依赖的审美感官之一。古今中外的学者，对视觉在人类审美中的地位都给予了非常高的评价。俄国唯物主义哲学家、文学批评家车尔尼雪夫斯基在《生活与美学》一书中说道："美感是和听觉、视觉不可分离地结合在一起的，离开听觉、视觉，是不能设想的。"书籍中每一个具体的、可感的对象，如文字、图案、色彩、线条等各种元素，都须通过视觉才能引起人类神经及心灵上的感受。

书籍通过三维空间媒介再现，在动态四维时空中形成视觉概念。人对书的视觉注意往往是一个由远及近的过程，书籍的封面既要对几米以外的读者具有号召力，又要适应站在面前的读者欣赏，即便读者把书拿在手中，也有其抚摩品味的魅力，当读者打开图书，逐页翻阅，更要有足够的阅读过程的时空魅力。人与书之间的距离变化及书籍自身被翻阅的时空性，产生了审美合适视点的多元性。不同视点距离的多元性，决定了书籍设计内容的多元性、空间的多维性，从而形成书籍设计的时空艺术性。

在书籍设计中，通过对时空艺术的应用，引导人们去看暂时看不到的部分，甚至通过特殊设计手法，促使读者用自己的想象加以补充，从而满足追求整体把握的心理需求。书籍的审美活动是在人们由远及近、从浏览到阅读的时空变化行为中相继显现各个部分，以满足人们的视觉心理需求的活动。书籍设计是在时间的延续、变幻中逐步展示三维空间，相继显现书籍整体的各个部分，从而给人以经验中的"完形"。因此，书籍设计必须把握书籍整体，才能把握住书籍在时空中的三维空间的整体特征。（图4－14、图4－15）

书籍的视觉时间艺术性通过读者的阅读——这样一个时间延续的动态过程来实现，充分表现在书籍的翻阅、浏览的每一个瞬间。书籍设计中文字与图像所制造的繁与简、详与略、前与后，无不诱导读者的阅读行为随着时间循序渐进，使读者阅读的空间欣赏过程无形中演变为时间的审美过程。一本书就是一个生命体，它不是静止不动的，而是流动不息的，因此它要被注入丰富的生命力，只有这样才能打动读者。书籍形态设计是一种整体的视觉传达设计，它的流动性不仅体现在书籍的各构成要素之间，更重要的是体现在读者阅读的过程中，随着读者的视线慢慢展开。在现代，购书、阅读已成为一种休闲的生活方式，正因为如此，也就对书籍的形态设计提出了更高的要求。好的书籍应该从视觉、触觉、听觉、嗅觉上都给人以流动的美的感受。

图4-14

图4-15

## 参考文献

邱陵.书籍装帧艺术史[M].重庆：重庆出版社，1990.
罗宝树.印刷之光[M].杭州：浙江人民美术出版社，2000.
魏隐儒.中国古籍印刷史[M].北京：印刷工业出版社，1988.
邱承德.书籍装帧设计[M].杭州：浙江美术出版社，1988.
吴冠英.书籍装帧[M].长春：吉林美术出版社，1996.
余秉楠.世界书籍艺术流派[M].广州：花城出版社，1987.
李砚祖.艺术设计概论[M].武汉：湖北美术出版社，2002.
[日]杉浦康平著.造型的诞生——图像宇宙论[M].李建华，杨晶译.北京：中国人民大学出版社，2013.
吕敬人.书艺问道[M].北京：中国青年出版社，2006.
吕敬人.吕敬人书籍设计教程[M].武汉：湖北美术出版社，2005.
王受之.世界现代设计史[M].北京：中国青年出版社，2002.
邓中和.动态的书籍[M].北京：中国青年出版社，2003.
邓中和.装帧艺术创意设计[M].北京：中国青年出版社，2003.
张森.书籍形态设计[M].北京：中国纺织出版社，2006.
[美]阿历克斯・伍・怀特著.平面设计原理[M].黄文丽，文学武译.上海：上海人民美术出版社，2006.
邓小和.书籍装帧创意设计[M].北京：中国青年出版社，2004.
[日]杉浦康平编著.亚洲的书籍、文字与设计[M].杨晶，李建华译.北京：生活・读书・新知三联书店，2006.

# ART & DESIGN SERIES

**图书在版编目（CIP）数据**

书籍形态设计 / 袁曼玲编著. -- 重庆 : 西南师范大学出版社, 2014.8
（设计家丛书：新世纪版）
ISBN 978-7-5621-6893-5

Ⅰ. ①书… Ⅱ. ①袁… Ⅲ. ①书籍装帧—设计 Ⅳ. ①TS881

中国版本图书馆CIP数据核字(2014)第138676号

新世纪版 / 设计家丛书
书籍形态设计 袁曼玲 编著
SHUJI XINGTAI SHEJI
责任编辑：李 玲 刘夏影
整体设计：汪 泓 王正端
制 版：重庆大雅数码印刷有限公司 · 刘锐
出版发行：西南师范大学出版社
地 址：重庆市北碚区天生路 2 号 邮政编码：400715
本社网址：http：//www.xscbs.com.cn 电话：(023)68860895
网上书店：http：//xnsfdxcbs.tmall.com 传真：(023)68208984
经 销：新华书店
印 刷：重庆康豪彩印有限公司
开 本：889mm×1194mm 1/16
印 张：7.75
字 数：153 千字
版 次：2014 年 8 月 第 1 版
印 次：2014 年 8 月 第 1 次印刷
ISBN 978-7-5621-6893-5
定 价：43.00 元